冯勇 著

武 汉 出 版 社
WUHAN PUBLISHING HOUSE

冯勇，武汉大学基础医学院病原生物学系副教授。多年从事病毒学教学与科研工作，研究方向为HIV/AIDS致病机制与免疫调控。科普作家，中国科技馆科普讲师团成员。

写给青少年的病毒常识

在生物界中，包括人体内外，都有着各种各样营寄生生活的微生物。这些微生物中，有些对寄主无害，甚至有利；有些则会危害寄主的健康，还可能传播、扩散，形成疫病流行。人类的历史，也是一部与传染病艰苦斗争的历史。

细菌、病毒等微生物在地球上出现的时间远比人类要早得多。现代科技高速发展，高铁、互联网、大数据等高科技成果极大提升了我们的生活质量。但在生命科学、现代医学领域，一些重要研究的进展却远远落后于物理学、化学等学科。我们破解生命遗传物质 DNA 的双螺旋结构，不过是 70 年前的事；拯救了亿万生命、大幅延长人类寿命的抗生素的发现和广泛应用，也才不到 100 年时间。关于生命，尤其关于微生物以及微生物对我们的影响，我们的了解还很肤浅。

飞机、高铁等现代交通工具飞速发展，带动了全球人口的大范围高速流动，同时也给病毒、细菌等病原体的扩散和传播提供了条件。1918 年至 1920 年间的世纪大流感夺去了 5000 万～1 亿人的生命，之后流感疫情仍不时发生局部暴发，并伴随几次死亡人数超百万的大流行。20 世纪 80 年代初，在美国发现了第一例艾滋病病例，不到 40 年时间，这种并不能通过呼吸道传播的病毒，就感染了 1 亿多人。进入 21 世纪，冠状病毒又不断“推陈出新”，令人防不胜防。

这些例子强烈提示我们：小规模的疫病流行越来越容易变成全球范围的大流行。

社会与经济发展需要开放和交流。面对疾病，开放交流与疫病防控之间的平衡，已成为人类必须面对的棘手问题。了解传染病及其预防的基础知识，将成为今后每个人的必修课。处于青少年阶段的中小学生，需要长时间在教室、寝室、食堂等场所聚集，学习和了解基本的病毒学知识，预防传染病的传播，非常必要。

本书大致分为三个部分：①病毒学的基础知识；②预防原则和常用措施；③常见的病毒。对于病毒，知己知彼方能有效防范。在基础知识部分，主要介绍了病毒的定义、形态、大小和结构，初步描绘出病毒的“相貌轮廓”，同时还介绍了病毒感染、复制和扩散的过程。这些既是病毒学的基础知识，也是第二部分病毒预防原则和措施的理论基础。在第三部分中，我们选取了10余种影响人体健康的常见病毒，如流感病毒、艾滋病病毒、胃肠道病毒、肝炎病毒、疱疹病毒、狂犬病毒、出血热病毒等进行介绍。这些病毒的“常见”，是指它们对人的身体健康存在较大威胁，感染它们的风险和频率相对较高。对每一种病毒，都介绍了其生物学性质、传播方式、引起的疾病以及预防方法等内容。了解这些常见病毒，并加以预防，可以减少感染风险，保障我们日常生活和学习的安全。

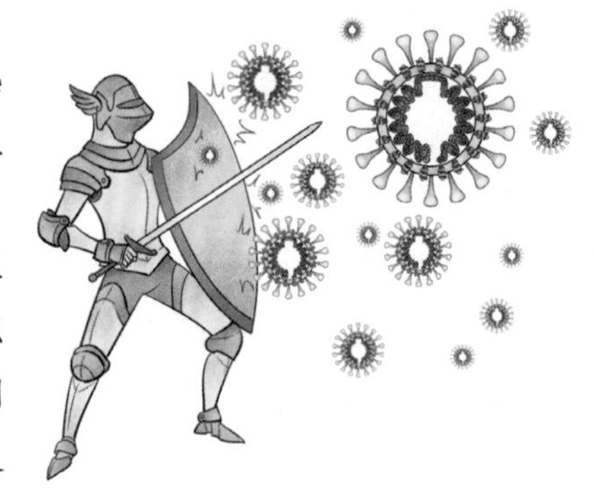

必须强调，本书旨在普及推广病毒学基本知识和日常预防的方法，以期减少感染风险。而一旦发

现感染，必须及时就医，进行正规的医学治疗。了解相关的病毒知识，有利于规避感染风险，也有利于“早发现、早隔离、早治疗”。

科普读物的可读性、趣味性与学术论文的写作有着本质区别，本书难免存在语言晦涩、贫乏等各种不足，敬请读者谅解，也欢迎大家提出宝贵意见。

冯　勇

2021 年 2 月

目 录

第一章

什么是病毒

地球经过亿万年的演变，形成了非常复杂、可供不同生命繁衍的生态系统。人类的生存宏观上离不开大自然，从微观看则是生活在微生物的世界里。我们生活的环境及人体表、体内，均存在着各种各样肉眼看不见的微生物。人体自身，也可以看成一个复杂的“微生态系统”。

常见的微生物有病毒、细菌、真菌、显微藻类等类型。病毒是非细胞形式的微生物，是最小的微生物，也是最小的生命体形式。病毒个体小、结构简单，通过寄生于其他生物体内而存活，有的病毒对人类危害巨大。

人类历史，也是一部与病毒作斗争的历史。学习和了解病毒，有利于我们更好地应对来自病毒的持续挑战。

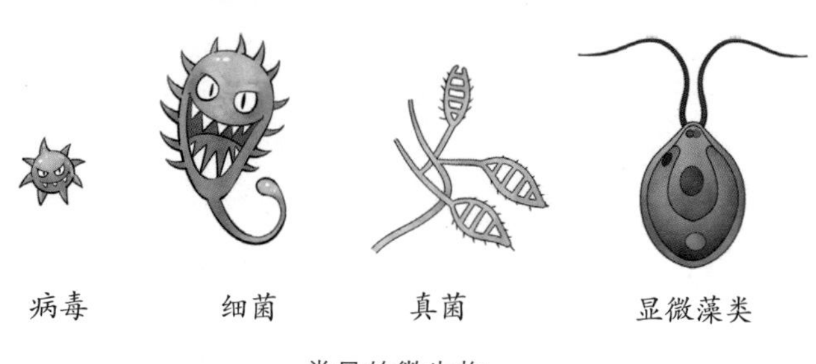

常见的微生物

1. 病毒的定义

病毒是一类比细菌体积更小、结构更简单、超级寄生、具感染性的非细胞型微生物。它能侵犯植物、动物、真菌和细菌等各种生物。

从病毒的定义我们可以看出，首先病毒是一种非细胞型微生物。细胞是生命活动的基本单位，动植物、真菌、细菌等都有细胞结构。

动植物细胞大家都很熟悉，而细菌和真菌，也都具有细胞结构。

细胞就像一座房子，里面有各种家具。而病毒呢，连细胞都不是，顶多算是房子里面的一个家具而已。因此，从结构和大小来说，病毒的结构更简单，体积更小。

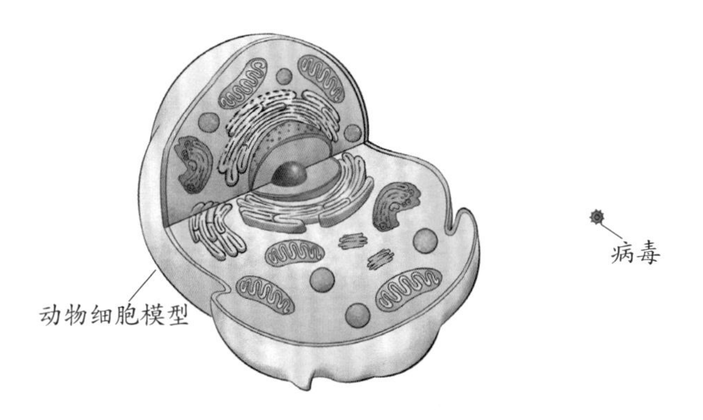

动物细胞结构与病毒的相对大小关系

那怎样理解病毒的“超级寄生”呢?

寄生，指的是一种生物生活在另一种生物的体内或体表，依赖其提供生存繁殖所需的营养和条件。比如说寄生虫，就寄生在人或者动物的体内或体表而生存。病毒的超级寄生，指的是病毒只能在宿主（被感染的对象）细胞内繁殖，离开宿主细胞，就不能繁殖了。病毒处于体外环境时，不仅不能繁殖，时间久了，会慢慢死掉。宿主，是病毒的繁殖区。从这个角度来说，如果宿主死了，病毒也就死了。病毒通过超级寄生的方式感染人之后，一个病毒可能变成几千个病毒，甚至更多。而细菌、真菌之类的微生物可以利用死细胞的营养生存，或者不依赖任何细胞，只要环境中存在有机营养物就可以存活。因此，细菌和真菌容易繁殖和扩散，而病毒繁殖的条件则苛刻许多。

病毒具有感染性，这一点大家体验深刻。病毒可以侵染人、动物、植物，甚至细菌，也就是说病毒几乎可以感染所有的生物类型。

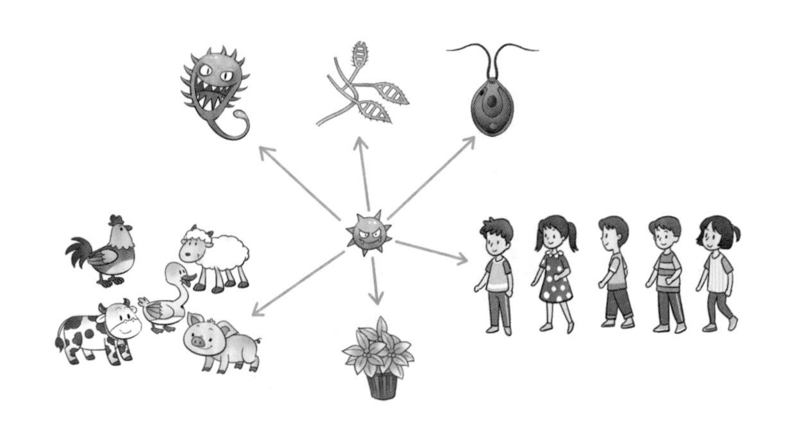

病毒几乎可以感染所有的生物类型

病毒的结构非常简单。相比而言，人体就很复杂，由亿万个细胞组成。每个细胞里，又有成千上万个生物分子，如蛋白质、核酸（DNA、RNA）、脂质、糖类分子等等。细胞内的各种分子功能各异，有机组合，协同作用，才形成我们的各种细胞，如皮肤细胞、呼吸道上皮细胞、心肌细胞、神经细胞等等。然后这些不计其数的细胞通过精确的配合形成各种组织，不同的组织形成器官，比如心、肝、脾、肺、肾等等。生而为人，真的是很幸运，每一个心跳、每一次呼吸，以及听说读写等行为，都是大自然的造化，也是各种生物分子精确运转（生物化学反应）的结果。

而病毒呢？最简单的病毒由一段核酸（DNA 或者 RNA）和一些简单重复的蛋白质组成。因此，病毒是最简单的生命体形式，甚至比我们身体细胞里的一个小零件——细胞器，如线粒体、核糖体等，还要简单得多。

病毒，具备“杀手”气质。单个病毒体破坏性并不强，但是进入人体后，繁殖出大量的子孙后代集体进攻才伤人。其实病毒最终能否杀死人，也取决于其繁殖能力、毒性，以及被攻击个体的状态。这就是为什么我们在现实生活中会看到，不同病毒的致病力不一样，传染性也有不同。

2. 病毒的大小与形态

病毒特别小，大多数的病毒直径在 100 纳米左右。而细菌的直径基本都在 1000 纳米范围，哺乳动物细胞的直径就大得更多。

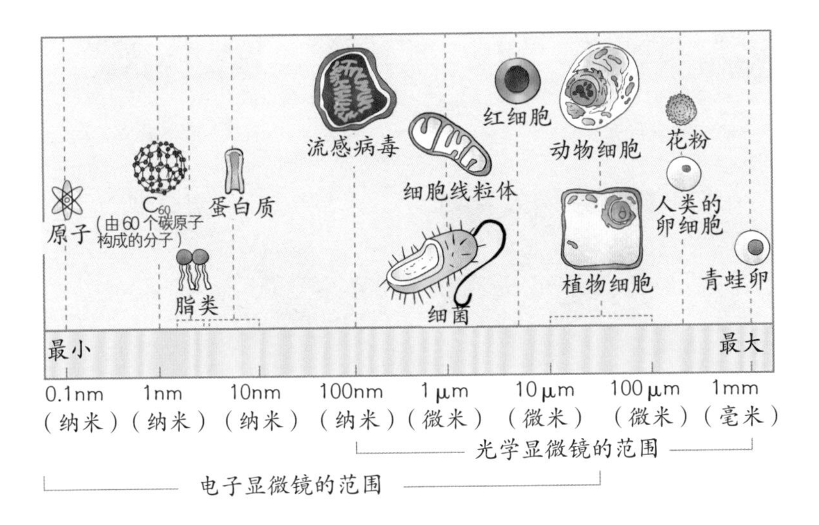

病毒的大小约在 30~300 纳米范围内

病毒虽然个体小，结构简单，但是其蛋白质和核酸的不同排列方式，形成不同的外观形态。

病毒最常见的形状是圆球形，比如常见的腺病毒、艾滋病病毒、乙肝病毒、冠状病毒等；也有杆状的病毒，比如烟草花叶病毒；也有丝状的，比如埃博拉病毒；也有像砖头的，比如痘病毒；也有像子弹的，比如狂犬病毒；也有蝌蚪状的，比如噬菌体。

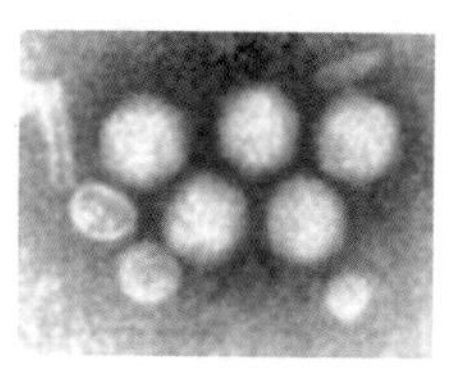

腺病毒

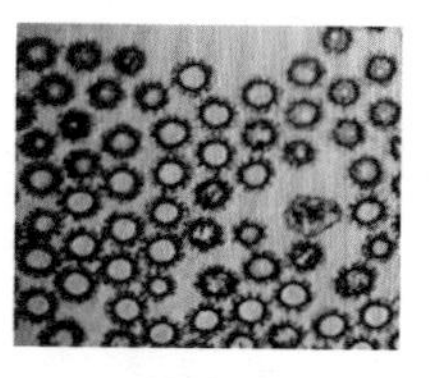

冠状病毒

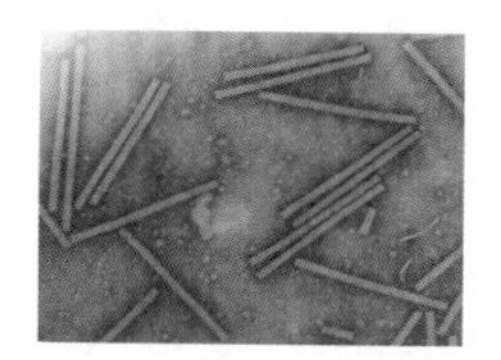

烟草花叶病毒

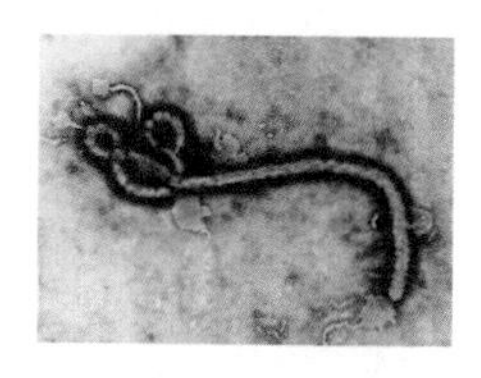

埃博拉病毒

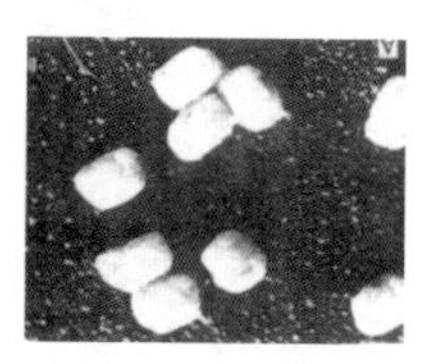

痘病毒

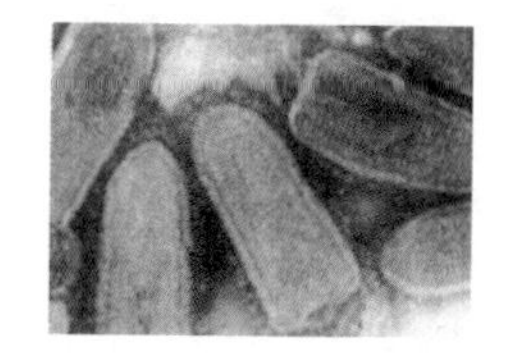

狂犬病毒

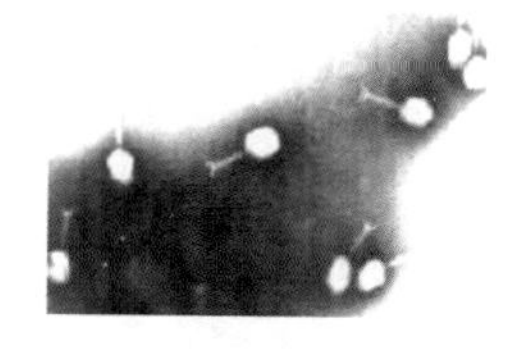

噬菌体

3. 病毒的结构

病毒的结构，我们可以从外到内看一看。

以球形病毒为例，最简单的球形病毒，如甲型肝炎病毒，外层是一层封闭的蛋白质外壳，里面封着该病毒的基因组，甲型肝炎病毒的基因组为一段线形 RNA 分子。

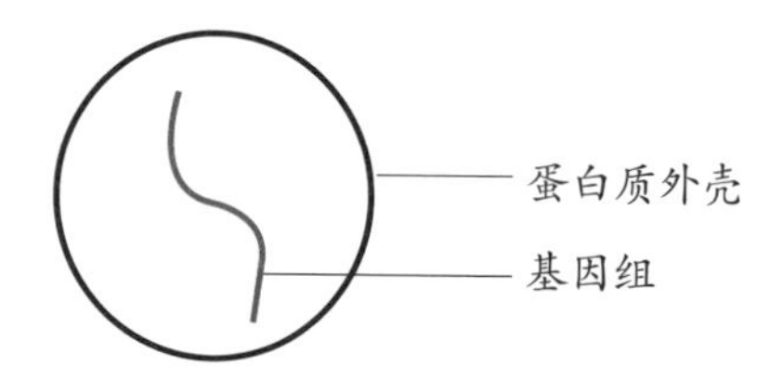

最简单的病毒由蛋白质外壳包裹一段基因组组成。病毒的核酸检测，就是检测是否存在这段红色的病毒基因片段

更多的病毒，如乙型肝炎病毒、流感病毒等，表面还有脂质包膜，更好地保护病毒体，也为病毒带来更多的特性。腺病毒表面虽然没有包膜，却有一些特化的触角，像天线一样，对病毒的感染吸附作用有重要意义。

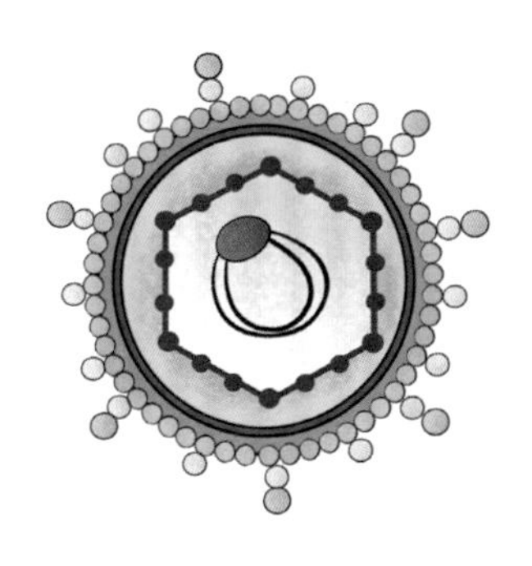

乙型肝炎病毒结构模式图，表面有脂质双层包膜

蛋白质外壳里面，是病毒的遗传物质，称为病毒的基因组，是病毒的重要组成。病毒的基因组决定了病毒的遗传性质。有些病毒的基因组跟大多数生物一样，是DNA形式，如乙型肝炎病毒、腺病毒等，而有些病毒，基因组却是RNA形式，如流感病毒、冠状病毒等。基因组为DNA的，我们称为DNA病毒；基因组为RNA的，我们称为RNA病毒。

RNA病毒近年来给人类带来了巨大的麻烦，对人类生命造成严重的威胁。例如狂犬病毒，RNA病毒的一种，感染者一旦发病，几近100%死亡。艾滋病病毒也是RNA病毒，它把基因组插入人类染色体中，导致无法治愈。冠状病毒也是RNA病毒，是一个超级大家族，种类繁多，不仅能感染人和哺乳动物，还能感染鱼和鸟。

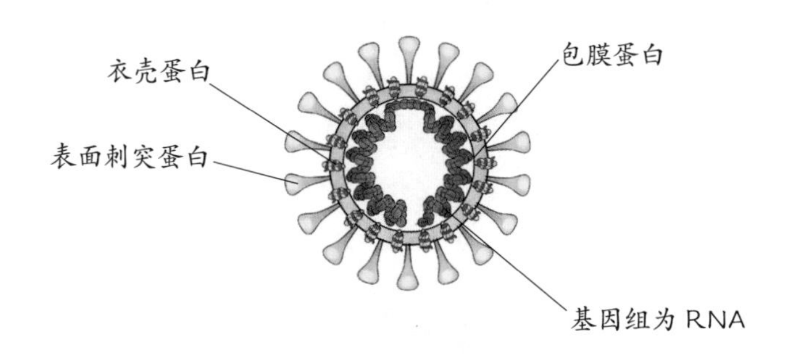

冠状病毒结构模式图

4. 病毒的繁殖

作为一种远比人类古老得多的生物，病毒有其顽强而巧妙的生存之道。通过亿万年的进化，现存于地球上的这些能够活下来的病毒，往往都具有超强的繁殖和适应能力。

那么病毒的繁殖能力到底有多强？人类繁衍后代，需经过十月怀胎。而一些小动物，如老鼠，一个月就可以怀孕一次，加之又是多胎，其超强的繁殖能力，经历了若干次生物灭绝灾难后仍旧“统治”地球。细菌更是简单，采用一分二的分裂模式，几分钟便能分裂一次。病毒，就更厉害了，几个小时之内，便可以繁殖出成百上千个子代病毒。

病毒的繁殖，是复制模式，特别像现代化工厂的流水线生产。病毒入侵宿主细胞，就把这个细胞当作生产子代的工厂，以自己作为模板，利用细胞工厂的原材料和能量进行加工、组装。从必须借用原材料和能量的角度来说，病毒是超级寄生的，在离体环境中的病毒，比如说桌子上和门把手上的病毒，就无法繁殖。病毒结构简单，因此繁殖效率惊人的高。

病毒顶多算得上一个细胞零件，而这个零件本身具备了生命的特征。具有生命特征的细胞零件一旦进入细胞，就像是钻入铁扇公主肚子里的孙悟空，翻江倒海，像大闹天宫一般。厉害的是一个孙悟空进去，将有几千个猴崽子蹦出来，而且每个猴崽子都是齐天大圣。这像极了孙悟空拔下的猴毛，每一根，都可以变成一只孙猴子！不同的是，孙悟空的猴毛在空气中就可以变小猴子，而病毒必须在细胞的肚子里，才能生产小病毒。

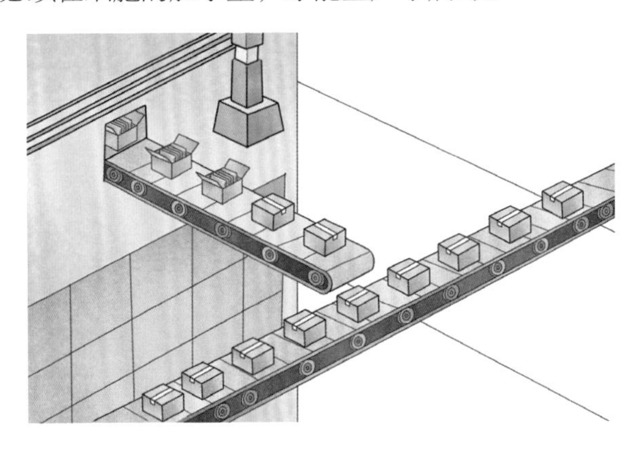

病毒在细胞内繁殖像现代化工厂的流水线生产

5. 病毒的复制周期

从病毒进入细胞开始，到子代病毒从细胞里出来，这一个循环，称为病毒的复制周期。病毒的复制周期包括病毒吸附、进入、脱壳、合成、装配、释放。

吸附，病毒吸附到细胞表面；

进入，病毒以某种方式穿过细胞膜，进入细胞内部；

脱壳，病毒把自己的蛋白质外套，即衣壳撕破，让里面的病毒基因组出来；

合成，让细胞工厂生产线合成生产子代病毒所需的各种元件；

装配，病毒零件准备好了之后，装配出成百上千的子代病毒；

释放，以某种方式，从细胞里出来。

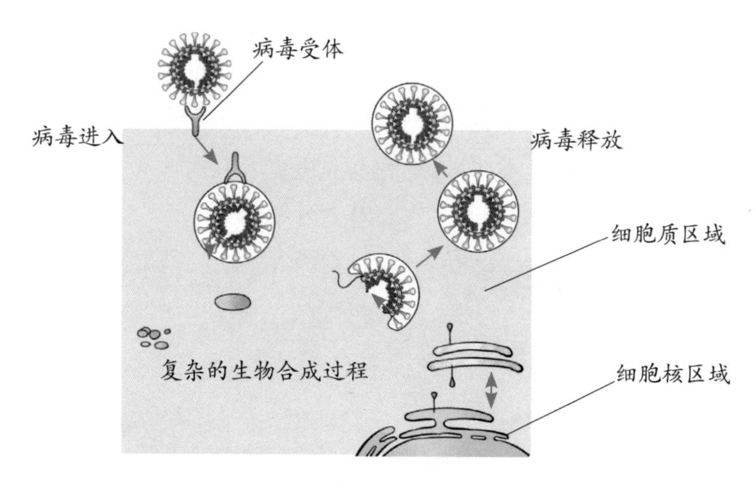

病毒复制周期

释放出来的子代病毒，遇到新的细胞，再进入，开始新的一个复制周期，周而复始。

以上环节，是连续的，并受到精确控制，也是病毒经过进化之后获得的能力，多数需要借用宿主提供能量和原料。

第一个环节，病毒吸附到细胞上。打个比方，就像登上一辆列车，先要抓得住车门把手，否则根本进不去。细胞可不是傻子，让外来生物随意进入。

这个车门把手，我们称之为受体分子或受体。能识别和抓住细胞表面受体分子的病毒，才能够进入这个细胞。受体与病毒表面蛋白之间的特异性配对关系，就如同锁和钥匙，一把钥匙开一把锁。比如呼吸道上皮细胞表面，就没有乙型肝炎病毒或者艾滋病病毒可以使用的受体分子，因此这两种病毒绝不可能通过呼吸道感染人。而流感病毒在呼吸道上皮细胞上找到了合适的受体——唾液酸分子，进而可以通过与受体分子结合吸附，才有后面的感染过程。

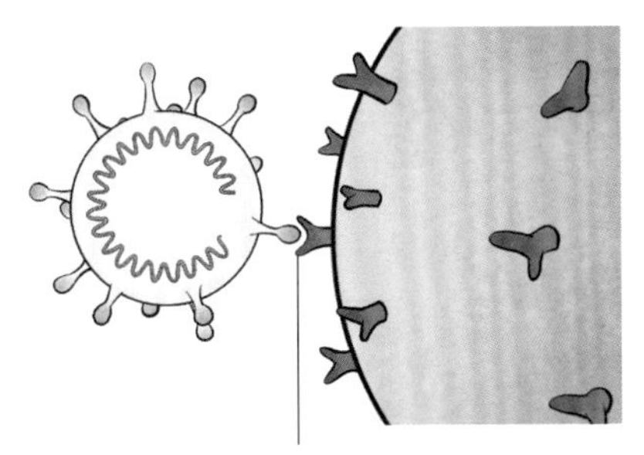

病毒侵入宿主细胞，需要特异性吸附和结合到受体分子上

病毒与某种细胞表面分子的特异性识别和吸附选择，决定了该病毒的组织细胞选择性，也决定了这种病毒的传播方式。艾滋病病毒识别免疫细胞 T 细胞表面的 CD4 分子，因此艾滋病病毒可通过血液传播；狂犬病毒可攻击神经细胞表面的乙酰胆碱分子，因此被狗咬伤之后，病毒可通过神经逆行，感染中枢神经系统。

病毒需要结合宿主细胞受体这个门把手才能进入细胞，开展复制周期。如果把门把手封起来，病毒就无法上身了。很多药物就是利用这个原理，阻断病毒与受体的接触，从而防止病毒进入细胞。还有的把门把手卸掉，或者改变样子，病毒同样也进入不了。最神奇的是艾滋病被根治的特例。一位柏林病人和一位英国病人，他们做了骨髓移植，换血后的免疫细胞上一个辅助受体分子 CCR5 突变，艾滋病病毒便再也进不去了，他们体内的艾滋病病毒被彻底清除。当然，这是特例，也是一种罕见的理想状况。因为很多病毒所使用的受体分子，本身就是宿主细胞生存必需的分子，无论是封闭起来，还是破坏掉，都将给宿主细胞带来灭顶之灾。

利用宿主细胞无法舍弃的分子作为进入的钥匙，这些病毒真是“阴险而狡猾”。

抓得住把手，还得进去才行。病毒为了进入细胞，也是想尽了办法，有的是通过“膜融合”的方式进入，有的触发某种开关，让细胞主动把病毒吞进去。总之，它们有的是办法。

进入细胞之后，病毒开始把自己拆散，也就是脱壳。这个过程就像一级方程式比赛中赛车进入维修站的情形一样，宿主细胞中的很多分子来帮助病毒拆解。病毒自己带的东西少，没有专门的拆装“工人”，通过把自己伪装成细胞内的零件，给细胞中某些分子相应的指令，指挥它们工作。宿主细胞里的“工人”们忙得不亦乐乎，却为病毒做了嫁衣。

不仅如此，病毒拆散自己之后，它的基因组会吸引细胞的合成机器，生产出成百上千个子代基因组，就像复印机复印一般高效。生产机器由宿主细胞提供，原材料也由宿主细胞提供，这个超级“寄生虫”的确“狡猾”。生产成百上千的子代病毒基因组和更多的病毒蛋白质元件，消耗了宿主细胞大量的能量和原料，导致很多细胞生理紊乱，有些甚至“不如死了算了”。因此，被感染的细胞往往发生病变，甚至死亡。

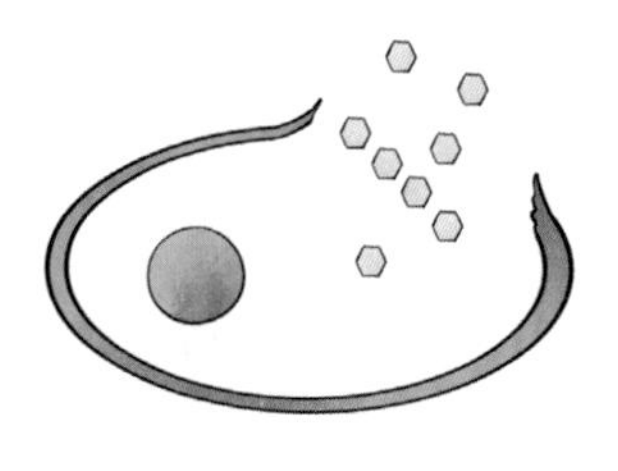

细胞崩解释放病毒

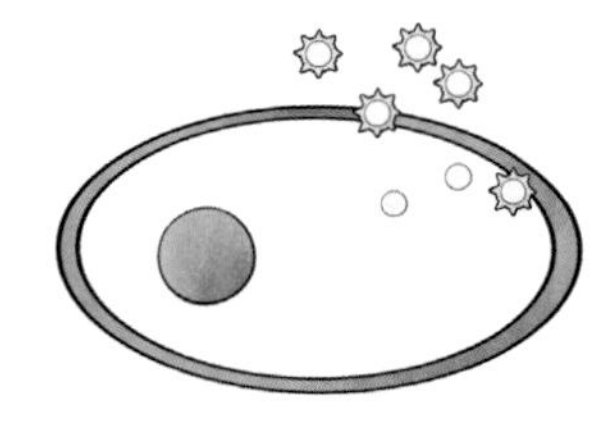

出芽形式持续释放病毒

无包膜的病毒释放时宿主细胞崩解，有包膜的病毒通过出芽的方式释放，宿主细胞得以存活

成百上千的子代病毒基因组和病毒蛋白元件被宿主细胞装配

成病毒颗粒并释放到细胞外，一个病毒复制周期的循环就完成了。有些“暴烈”的病毒（主要是没有包膜的病毒，如腺病毒等），一个循环就会致死宿主细胞；而有些“低调狡猾”的病毒，却对宿主温柔以待，悄悄地出去，宿主细胞仍能活着（有包膜的病毒，如艾滋病病毒），成为持续不断生产病毒的工厂。

对病毒复制周期的研究，有利于我们理解病毒致病机制，也有利于抗病毒药物研发。针对病毒复制周期中的具体步骤和环节，设计相应的药物进行阻断，干扰病毒复制，是目前抗病毒药物的主要设计思路。如治疗流感病毒感染的药物磷酸奥司他韦（俗称达菲），就是阻断病毒释放环节，使病毒无法完成复制周期。治疗丙型肝炎病毒感染的 DAA 药物，主要抑制丙型肝炎病毒聚合酶蛋白功能，导致病毒基因组复制受挫。

第二章
人体与病毒的较量

病毒是地球生命系统中必不可少的一部分，它们和人类等其他生命共同生活在地球上。病毒寄生在细菌、植物和动物体内。绝大多数病毒并不会感染人类，只有少数病毒有机会与人类交流（感染人）。

当病毒与人相遇时会发生什么情况呢？

1. 病毒入侵人体的结局

病毒入侵人体的方式多种多样，例如，可以通过空气（飞沫、气溶胶等）载体进入人的呼吸道，再从呼吸道扩散到其他器官；也可能通过破损的皮肤或者黏膜进入血液，进而扩散全身；还可能“病从口入”，通过消化道进入；甚至，有些病毒可以突破血胎屏障，由孕妇传递给胎儿。

不同的病毒从不同部位进入人体，在它适合繁衍的地方完成增殖，有的会扩散至全身，有的只局限在特定的器官，有的会潜伏在特定的组织。病毒入侵部位和扩散途径各不相同，让人眼花缭乱。但无论病毒如何侵入人体、如何扩散，其侵入人体后的结局无非以下几种：无法感染、无症状感染、急性感染、持续性感染（包括慢性感染和潜伏感染）。

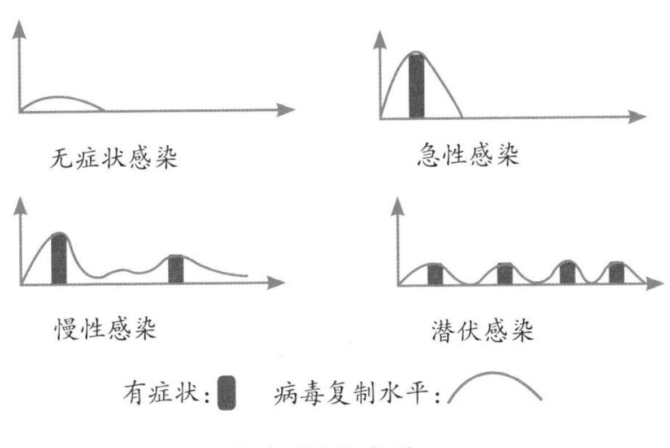

病毒感染的类型

无法感染

当然，最好的情况是无法感染。那些不感染人的病毒，比如很多植物的病毒，就无法感染人，大部分动物病毒也无法感染人。这种感染无法建立的情况，与这些病毒在人体细胞上找不到受体有关。同时，人体细胞无法提供这些病毒进行复制的生存环境，也是重要因素。

有些病毒无法进入人体细胞进行繁殖扩散

无症状感染

大多数情况下，我们能够感受到病毒，是因为被感染后有了症状。比如发热、疲劳、肌肉酸痛，严重的还上吐下泻、意识模糊、呼吸困难等等。这些症状表示机体受到了损伤。而无症状感染就是病毒已经入侵人体，却没有明显的不适症状，被感染者自己察觉不到异样。脊髓灰质炎病毒感染有 90% 都没有症状。无症状感染现象的原因，是病毒的毒力不够，或者复制不旺盛，或者入侵的病毒量太小，或者被感染者身体状态、免疫状态特别好，牢牢地局限住了病毒。

无法感染与无症状感染的区别：前者感染没有建立起来；后者已经建立了感染，病毒在宿主体内有一定程度的复制，存在排毒的情况，病毒检测也会是阳性的结果，且有一定的传播风险。当然，既然是无症状，被感染者没有明显被伤害。但是无症状的情况有可能是暂时的，有时候各方面条件变化了，无症状也可能变为有症状，需要密切观察。

无症状感染，被感染者不易察觉，反而容易造成病毒传播

急性感染

指的是感染持续时间不长，大多在一个月之内结束。比如甲型肝炎病毒感染，引起肝炎，但甲型肝炎一般在一个月内会结束。免疫系统产生足够针对该病毒的免疫力之后，可以完全清除病毒，并且还会产生很长时间的免疫保护。再比如引起普通感冒的鼻病毒感染，基本上也是急性感染，大多在 7 天左右就会痊愈。即使是流感病毒，病程也基本会在 10 天以内结束。当然，对于致病力强的甲型流感病毒，吃些抗病毒药物，有助于减轻症状、尽快康复。

急性感染并非都以病毒被清除为结局。甲型流感病毒、新型冠状病毒、SARS 冠状病毒等，都会导致少部分人死亡。埃博拉病毒、亨德拉尼帕病毒等，致死率则超过 50%。这可以简单地比喻成：急性感染不是你（病毒）死，就是我（被感染者）亡。当然，在人体免疫系统不足以清除病毒的情况下，导致病情迁延，急性感

急性感染相当于人与病毒之间的战争

染会慢性化，变成持续性感染。

持续性感染

有时候的感染，即使过了急性期，病毒也没被清除，病人也没死，逐渐转化为持续性感染。大家熟悉的持续性感染，比如乙型肝炎病毒的慢性感染，就属于这一种。自然感染的情况下，乙型肝炎病毒多数在急性期会被人体消除，但少部分人无法清除病毒，形成慢性乙肝，基本上会持续多年，甚至终生携带。而艾滋病病毒感染人，则形成持续性感染，也是终生携带，无法清除。

在另一种持续性感染中，病毒的活跃程度则有涨有落，时而潜伏，时而活跃。比如导致人口唇疱疹的疱疹病毒（Ⅰ型单纯疱疹病毒），人群普遍被感染，但平时病毒潜伏在身体里，只有在过度疲劳、免疫力下降的情况下，这些潜伏的疱疹病毒才会被激活，导致疱疹。我们更熟悉的水痘病毒，引起儿童水痘，病毒在若干年后，也可能被再激活，导致疼痛难忍的带状疱疹。

持续性感染也许不像急性感染那么激烈，但持续性存在于体内的病毒始终是个雷，随时有暴发的可能。特别是持续性复制的情况，则会对身体造成逐步加重的破坏。

比如艾滋病病毒，侵入人体后半年至 10 年不等，病情进展缓慢，即所谓潜伏期。但这段时期病毒并不是静止状态，而是在不停地复制，不停地被免疫系统清除，在打消耗战。由于艾滋病病毒突变率高，且感染细胞后会将病毒基因组插入宿主细胞染色体导致无法被完全清除。消耗战消耗的是宿主的免疫细胞，经过几年的消耗，免疫细胞会逐渐紊乱，再生能力下降。当降低到一定程度（每微升 400 个以下），免疫功能下降，身体连普普通通的微生物感染都抵抗不住，出现各种机会性感染，进入真正的艾滋病期。随后很快就会出现免疫缺陷、恶性肿瘤、神经退化等难以逆转的病情，如不治疗，感染者最终的结局是死亡。

持续性感染像一场谁也无法战胜对方的比赛

乙型肝炎病毒持续性感染会怎样？乙型肝炎病毒的长期复制将导致肝硬化和肝癌，更是致命。当然，这个时间有多长，多大比例会形成肝癌，不同的感染者情况不同。因此，近年在治疗慢性乙肝时，临床医生开始推荐积极主动抑制乙型肝炎病毒复制的药物治疗策略。

持续性感染引起肿瘤的，除了乙型肝炎病毒、丙型肝炎病毒外，EB 病毒与鼻咽癌关系密切，人乳头瘤病毒与宫颈癌关系密切。不同病毒感染不同的组织器官，造成不同组织器官病变。预防与控制这些病毒，对于减少相关肿瘤的发生意义重大。

因此，急性感染和持续性感染，都会对宿主产生不同程度的危害，两种都有可能致死，只不过急性感染快一些，持续性感染慢一些而已。

2. 影响病毒感染结局的因素

对战病毒时，我们有没有可能做到百战百胜？实际上，医学发展至今，“百战百胜”仍然只是一厢情愿的奢望。不同的病毒致病能力不同，我们被感染时的状态也各不相同。目前人类能做到的，是尽量扭转病毒感染时出现的各种不利局面，让胜利的天平偏向自己，而不是病毒。

通常来说，影响感染结局的因素有病毒和宿主两方面。两方面因素共同决定了感染的结局。

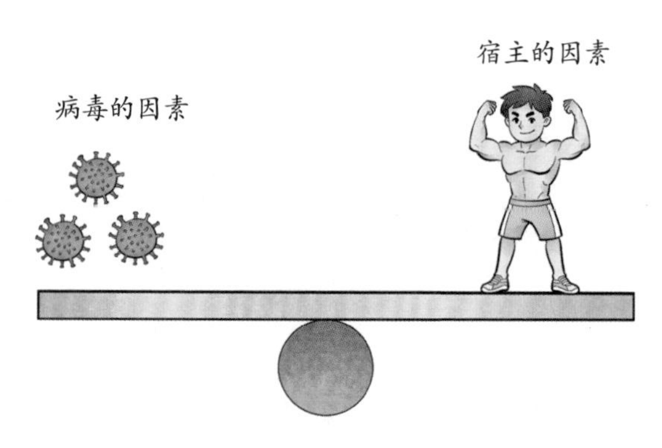

病毒的因素和宿主的因素共同决定感染的结局

病毒方面

病毒的种类、毒力、变异、入侵途径和方式、接触病毒的初始剂量等，都影响着感染的结局。例如流感病毒，不同亚型和毒株的毒力不同，感染造成的病死率差别巨大；新的亚型重组变异也会造成病死率的大幅增加。有研究表明，初始接触病毒的剂量与其感染造成的重症率之间有重要关联。

如上所述，应避免直接接触大剂量的病毒。戴口罩、保持社交距离、不聚集等措施，可以达到尽可能避免接触呼吸道病毒的效果。其实，即使相遇在所难免，我们也应想办法减少初次接触病毒的剂量，这有利于降低感染之后导致的伤害，意义也是重大的。

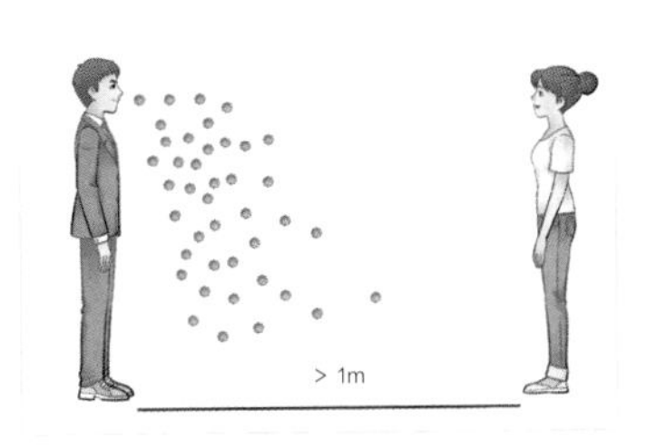

戴口罩和保持社交距离均可减少接触病毒的剂量

宿主方面

宿主较强的免疫力有助于控制感染，而衰老、基础性疾病（糖尿病、心脑血管疾病等）、过度疲劳、情绪低落或紧张、服用免疫抑制剂（如器官移植）等因素，会导致免疫力低下，感染的结局对宿主更为不利。

合理营养、规律作息、体育锻炼等，可以直接或间接提高和维持免疫力，有助于人体清除病毒。

吃好、睡好、多运动，有利于保持健康有效的免疫力，
老年人更应注意防范

3. 免疫系统——人体对付病毒的最好武器

1）人体免疫系统及作用

千百万年来，人类与病毒走过了漫长的“共进化”之路。可以说，

有人的地方，就有病毒。人类能生存至今，无数人因病毒感染失去生命；而更多的人，坚强地活了下来，子孙繁衍。

人类在各种微生物的侵扰下，进化出了一套精密的免疫系统，用于生存和防御。

健康生活、加强锻炼，维持健康有效的免疫力

免疫，顾名思义，是免于疫病的意思。

健康的免疫系统，对于预防和消除病毒感染至关重要。

人体有一个神奇的免疫系统来执行免疫功能：①免疫防御，防范外来病原体的入侵，或者清除已经入侵的病原体。病原体包括病毒、细菌、真菌、支原体、衣原体、寄生虫等。②免疫监视，随时发现和清除体内出现的“不良”成分，如基因突变产生的肿瘤细胞、衰老或凋亡的细胞。③免疫稳定，通过自身免疫耐受和免疫调节两种主要机制，达到免疫系统内环境的稳定。一般情况下，免疫系统可以区分“自己”和“非己”，对于自身的组织细胞无反应，称为免疫耐受。同时，神经、内分泌、免疫三大系统组成的网络，负责调控维持整个机体内环境的稳定。

免疫系统包括免疫分子（如抗体分子）、免疫细胞（如T细胞、B细胞、巨噬细胞等）、免疫器官（如胸腺、淋巴结）三个层次。

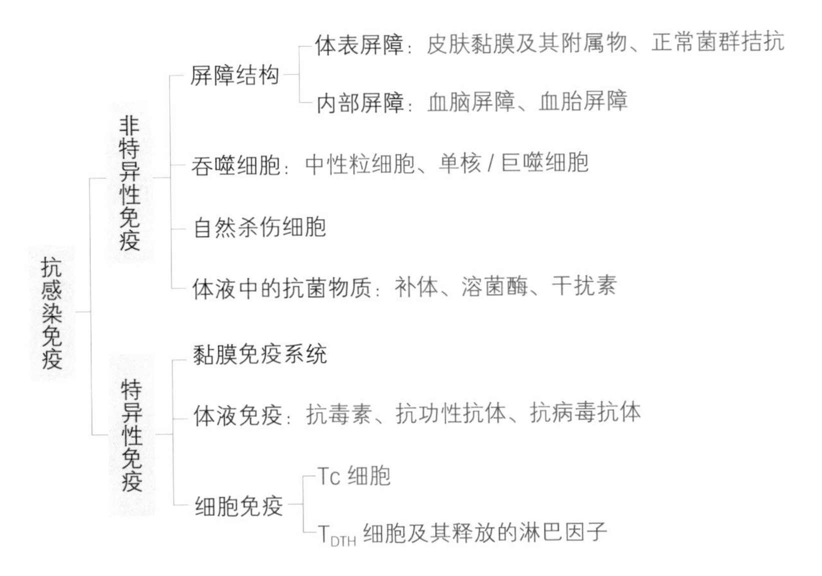

人体抗感染免疫“作战部队”

我们常常听医生说“产生了抗体”，抗体指的就是可以结合病毒抗原（病毒身体上的某种蛋白质）的一种蛋白质分子。抗体分子来自浆细胞（B 细胞变化而来），不同的抗体可以结合病毒不同抗原的不同部位，抗体与抗原的关系，类似于锁和钥匙的关系。

因此，一个病毒侵入人体，我们的免疫系统可以产生很多种抗体来识别和结合这个病毒。

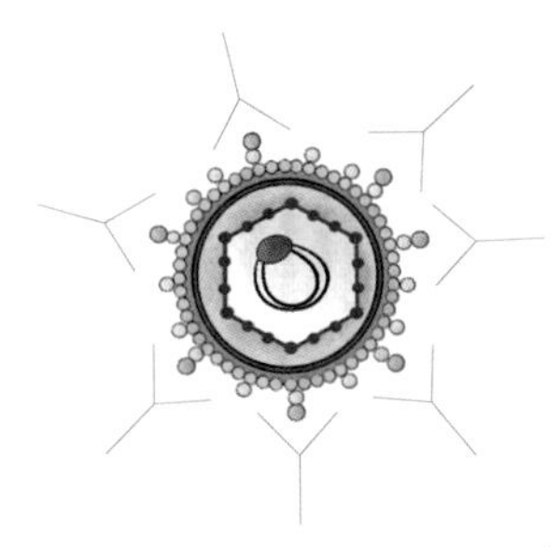

绿色的“Y 型”中和抗体分子将红色的病毒颗粒团团围住

中和抗体指的就是那些可以结合到病毒表面的抗体，这些抗体可以将病毒团团包围住，病毒就无法进入细胞了。

抗体分子一般都游走在血液、体液（存在于黏膜、肠道、生殖道等）中。抗体结合病毒后，可导致病毒被各种其他免疫分子攻击死亡。

血液和体液中的抗体分子，可以抓住并清除游离的病毒颗粒，但无法进入细胞里发挥类似作用。因此，细胞内的病毒就躲过了抗体的追杀，细胞成为病毒的避风港。

还好，人类的免疫系统进化出了"细胞免疫"。一些特别的T细胞（学名为细胞毒性T细胞）化解了病毒利用细胞这个避风港而造成的逃逸风险。细胞毒性T细胞可以破坏裂解被病毒感染的细胞，病毒被释放出来，就逃不出抗体的手掌了！

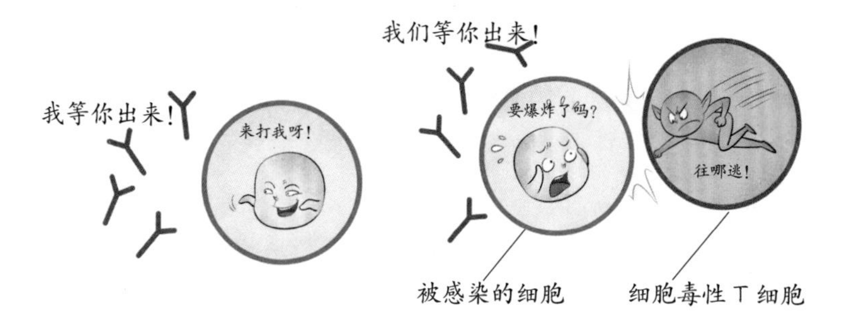

抗体无法作用于细胞内的病毒，但细胞毒性T细胞可裂解被病毒感染的细胞。病毒释放出来后就会被抗体等免疫分子消灭

2）疫苗

免疫系统还有个非常优秀的品质，就是免疫记忆！对于感染过的病毒，免疫系统会保存一些针对这个病毒、具有记忆性的T细胞和B细胞。当再次被相同的病毒感染时，这些记忆T细胞、B细胞会迅速被动员起来，很快产生大量的特异性抗体或者特异性的细胞免疫，控制并清除这种病毒。

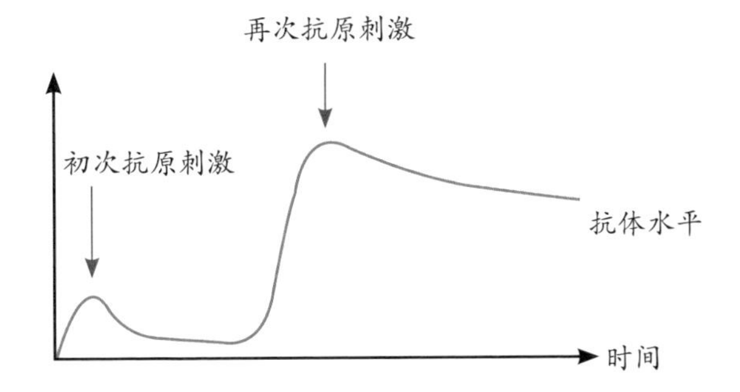

感染康复后，抗体水平将逐渐降低，但保留了免疫记忆。再次被相同病毒感染时，机体会迅速动员免疫细胞产生更高水平的抗体

利用这个原理，人类发明了疫苗。如上图，疫苗接种可以模拟“初次抗原刺激”，是一种主动免疫的行为。当接种疫苗产生足够效能的免疫记忆之后，再遇到真的病毒侵入时（再次抗原刺激），免疫系统就具备了“抵御病毒于机体之外”的能力。病毒即使通过各种途径进入机体，也会很快被大量的抗体和免疫细胞所识别和逮捕，并在病毒完成繁殖扩散之前消灭。

万幸的是，我们有了疫苗，以最经济的方式解除病毒感染带来的致命威胁。人类甚至曾经团结一致，经过近 5 年时间，全球数十亿人统一行动接种天花疫苗，在 20 世纪 70 年代末终于消灭了天花。这是人类历史上第一次，也是唯一一次，彻底消灭一种传染病。

不幸的是，我们可用的疫苗种类少得可怜。相对于越来越多威胁人类生命健康的病毒种类，疫苗的研发和推广仍然十分落后。

现有的疫苗，由各种方式研发而来。

减毒活疫苗

脊髓灰质炎疫苗（口服糖丸）是减毒活疫苗的经典代表。顾名思义，这种疫苗是活的病毒，可以在人体细胞里复制繁殖，但不会致病。这种无致病性的减毒病毒株进入人体后可以复制繁殖，产生很多子代病毒（当然也是减毒无致病性的），这就给了人体免疫系统持续性的抗原刺激，可以产生很好的免疫记忆。在我国普及脊髓灰质炎疫苗接种后，就很少再有脊髓灰质炎病毒感染病例的发生了。

减毒活疫苗其实是活的病毒，只不过没有了致病性

灭活疫苗

要想获得无致病性的活病毒疫苗，并不是那么容易。有些病毒无论采取什么办法，都没法做到既保持复制活性，又能去掉其致病性，因此无法采取“减毒”这个方法。甚至有时候看起来已经“减毒成功了”，可不知啥时候“毒力又恢复了”，人们可承受不起！因此，彻底去掉致病性，“去毒”代替“减毒”，成为选择之一。我们可以通过物理或者化学的方法，“灭活”病毒，病毒“死了”，但保留着蛋白质外壳，也就有比较完整的抗原表位存在，能刺激产生中和抗体。甲型肝炎疫苗、流感病毒疫苗等，都是灭活疫苗。

灭活疫苗需要合适的病毒培养条件（高等级生物安全实验条件），大量培养之后还要进行灭活和纯化等工艺。我国灭活疫苗研发和生产的科技实力处于国际一流水平。

灭活疫苗留下了蛋白质外壳，但不能复制，无致病性

亚单位疫苗

灭活疫苗没有致病性，仍具备抗原性，可以刺激机体产生免疫记忆。但灭活疫苗制备条件要求高，成本也高，且需要多次接种才能产生足够的免疫保护。为了降低成本，提高有效性，科学家发明了亚单位疫苗。通常选取针对中和抗体表位的病毒表面抗原，利用现代分子生物学的技术表达和生产出来。这样的病毒表面零部件——表面蛋白，具备很纯的抗原性，却没有任何复制能力，相当于灭活疫苗的精简升级版。

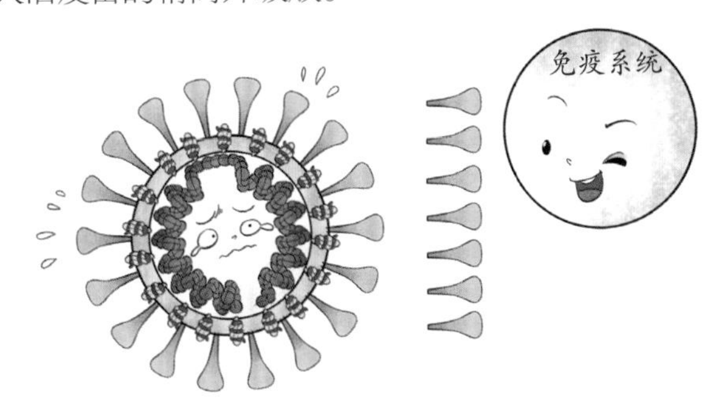

病毒外壳：我连虚有其表都谈不上了……
免疫系统：那更好，我们喜欢纯粹的好抗原！

乙型肝炎病毒疫苗就是亚单位疫苗的代表。用酵母菌大量生产乙型肝炎病毒表面抗原蛋白，既方便又便宜，生物安全要求也没有培养活病毒那么高，真是一举多得！

mRNA 疫苗

mRNA 疫苗类似于亚单位疫苗，但更“高科技”。它是直接将病毒抗原的基因表达产物 mRNA 注射进人体，人体细胞接受该 mRNA 之后产生的抗原。这样由人体细胞产生抗原的过程，与自然感染病毒时（实质上是后半段）很像，因此抗原体现得更充分，能更好地刺激免疫系统产生免疫效果。

在 2020 年之前，mRNA 疫苗只是一个构想。但欧美一些国家在新型冠状病毒肺炎疫情肆虐之下，紧急批准了新型冠状病毒 mRNA 疫苗的广泛接种。它能否成为人类疫苗发展史上的一次飞跃，还取决于其安全性和有效性能否达到预期。

第三章

如何避免被病毒感染

病毒感染人之后，轻的引起不适，重则可能导致死亡。因此，我们在生活中，应当积极预防，尽量避免感染。做好个人防护，也有利于减缓或阻止病毒扩散，避免造成疫病流行或者大流行。

传染病的防控有三大原则：控制传染源，切断传播途径，保护易感人群。避免被病毒感染，需要从这三方面入手。

1. 控制传染源

无风不起浪，没有传染源，自然也就没有被病毒感染的风险。在地球的生态系统里，有几十亿人口、难以计数的动植物，以及数不清的微生物。病毒几乎可以感染包括细菌在内的所有生物。因此，病毒传播的传染源可以说无处不在。

万幸的是，能够感染人的病毒是有限的，主要存在于环境、人体和动物体内。目前来看，主要的传染源是感染者。获得病毒的主要途径，也是从环境、感染者和动物体内而来。因此，控制传染源的主要思路，应该是消除环境中的病毒、诊治感染者并根据传播风险采取相应的隔离措施、隔离或处死患病动物等。

消除环境中的病毒

环境中的病毒主要由感染者排出。环境中的病毒本身不能增

病死的鸡、猪等，可能携带病毒，应集中销毁

殖，在环境中存活的时间为几分钟至数十天不等。可根据不同病毒的特性，采取相应的消杀措施，如喷洒消毒剂、紫外线照射、加热、焚烧等。由于有些病毒在低温条件下生存时间更长，应注意对经冷链途径流通的海产品、肉类等货物进行检疫和消杀。

感染者

感染者包括有症状的病人和无症状的病毒携带者，是主要的传染源。感染者应及时就医，根据病毒传播途径和风险等级采取相应的隔离治疗措施。如通过呼吸道传播或接触传播，则需要严格进行隔离治疗；通过粪口途径传播的，如肠道病毒，则需要隔离患者，并对患者使用过的餐具、马桶等生活用品进行严格消毒。

带毒动物

很多病毒是人和动物均可感染的，如狂犬病毒、乙脑病毒、出血热病毒等。在人群聚居区进行灭鼠、灭蚊对于控制出血热、乙型脑炎、寨卡、登革热等传染病的流行非常有效。饲养宠物，应做好疫苗接种，也应管理好流浪猫狗，减少无看护动物传播病毒的风险。野生动物携带种类繁多的病毒，人与野生动物的接触，存在病毒溢出风险。应杜绝捕杀野生动物，不食用野生动物，不购买野生动物毛皮制品等。保护野生动物栖息地，也有利于减少

饲养宠物猫犬，应定期接种疫苗

病毒的跨种传播。规模化养殖的动物，由于有相应的疫病监测和防范措施，可作为主要的肉制品来源。

2. 切断传播途径

俗话说“病从口入”，病毒感染人也需要一个入口。人体与外界接触的部位，如呼吸道、口腔、生殖道等处的黏膜，破损的皮肤等，都可能成为病毒入侵的入口。

不同的病毒传播途径不同，应采取相应的措施进行防范。

呼吸道传播

经呼吸道传播的病毒种类繁多，如流感病毒、麻疹病毒、冠状病毒、风疹病毒等，对人体的破坏程度不一，不少呼吸道病毒感染致死率高。呼吸道病毒传播快、范围广，应加强防范。对于经呼吸道传播的病毒，保持社交距离、少聚集、戴口罩、勤洗手，切断传播途径，是避免感染的有效方法。

粪口途径传播

经消化道传播的病毒也很多，如甲型肝炎病毒、脊髓灰质炎病毒、轮状病毒、诺如病毒等。儿童免疫系统尚未成熟，卫生习惯较差，容易感染此类病毒。近年来我国手足口病、疱疹性咽峡炎、诺如病毒感染多次流行。对污染的食品、用品、水源进行消杀，对儿童进行卫生行为规范，养成饭前便后洗手等习惯，有利于减少此类病毒感染。

血液传播

艾滋病病毒、乙型肝炎病毒、丙型肝炎病毒等均可通过血液传播。我国加强了血制品行业规范，严禁非法采卖血，严厉打击贩毒吸毒行为，大幅降低了通过血液传播的病毒感染。

性传播

无保护的性接触可传播病毒、细菌、真菌等，如淋球菌（引起淋病）、梅毒螺旋体（引起梅毒）、乙型肝炎病毒、丙型肝炎病毒、艾滋病病毒等。戴避孕套可有效预防性传播疾病。做好性知识教育和科学普及，则可避免因无知感染性传播疾病。

3. 保护易感人群

轮状病毒、诺如病毒等肠道病毒主要感染少年儿童，少年儿童是这些病毒的易感人群。对少年儿童的保护，主要应加强卫生宣传，培养良好的卫生习惯，对环境及用品的消杀也非常重要。

而有些病毒，如乙型肝炎病毒、流感病毒、冠状病毒等，所有年龄段的人都是易感人群。早发现、早诊断、早隔离、早治疗，对于控制传染病的扩散和流行意义重大。老年人免疫力较差，多数情况下感染后的症状更重，预后更差，应避免感染，一旦感染应积极治疗。

接种疫苗则是最经济、最有效的避免病毒感染的措施。在未接触某种病毒之前接种疫苗，产生特异性的保护免疫记忆，可保护个体不受病毒感染。人群整体接种某种疫苗的比例越高，病毒越难在人群中流行。幸运的是我们已经研制出不少的疫苗；不幸的是，大多数病毒我们都还没有疫苗。

在没有疫苗的情况下，保护自己不被病毒感染，更多的是需要提高警惕，从切断病毒传播链的角度进行预防。

4. 预防病毒感染的常用措施

环境的消毒

公共场所和人员聚集区域，特别是封闭空间，如会议室、电梯间、卫生间等，需要定期消毒，预防病毒传播。可根据不同场所环境，采用喷洒消毒剂（粉）的方式进行大面积的消毒。但也应避免过度使用消毒剂，造成环境污染或身体损害。消毒剂须按照使用说明进行稀释。室内注意通风，一般上午和下午各一次，每次30分钟，有利于降低室内病毒浓度。房门把手常用酒精喷一喷，可有效减少接触病毒的概率。

公共场所可通过喷洒消毒剂杀灭病毒

物品表面的消毒

房间内家具等表面可用消毒剂喷洒或擦拭消毒，在消毒剂作用足够时间后须用清水去除残留，以免对皮肤造成损伤。喷洒消毒剂时应佩戴口罩，避免口鼻黏膜损伤。衣物容易吸附消毒剂，不建议经常性地对衣物喷洒消毒剂，喷洒了消毒剂的衣服应洗后再穿。食品包装可通过喷洒酒精消毒，但不可直接喷洒食物本身。幼儿园的玩具、书籍、餐具、马桶等物品，须定期消毒，特别是出现流感、手足口病等呼吸道、肠道病毒感染病例后。同样，消毒后须用清水去除消毒剂残留，避免灼伤幼儿皮肤和消化道。

食物的消毒

通常采用热力杀灭食物携带的病菌，长时间加热、煮沸可以杀死绝大多数细菌和病毒。牛奶、红酒等可采取巴氏消毒法杀灭病原菌。对于经冷链运输可能携带病毒的海鲜、肉类，相关部门应加强抽检，用户购买、运输和加工过程中也应注意避免直接接触。到家后可用酒精喷洒包装袋表面，加工熟透后再食用。野生动物健康状况不明，不应捕杀和食用。食堂的餐具应加强消毒。

保持社交距离

少聚集、保持1米以上社交距离对于预防呼吸道病毒的传播意义重大。疫病流行期间，应减少人员流动，不去人员聚集的场所。

戴口罩

正确佩戴口罩可有效预防呼吸道病毒感染。除在高风险场所执行高风险操作时（如医生，海关、机场等工作人员）需佩戴N95口罩外，普通民众佩戴医用口罩即可。但照顾确诊患者或密切接触者等有传染风险时，应佩戴N95口罩，并升级防范措施。戴口罩时应包住下巴并把鼻翼处压实，以保证口罩贴合面部。

戴口罩的四个步骤

勤洗手

推荐七步洗手法,其实质是要求对手部进行全面的清洁消毒。使用洗手液或肥皂将手部各角落洗净，每个步骤搓揉 15 秒以上，然后用流水冲洗。勤洗手可有效减少病毒经手触碰传递至口、鼻、眼等部位。在医院和其他公共场所可使用手消毒液清洁手部。

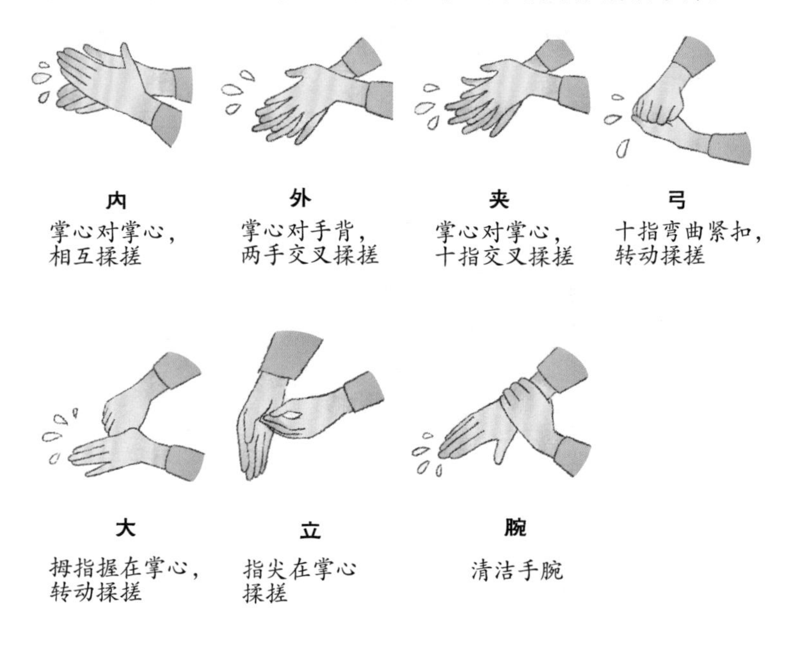

七步洗手法

早发现、早隔离、早治疗

任何传染病都适用这个原则，意义重大。早发现、早隔离、早治疗可以避免病毒扩散而导致的更多感染病例，甚至形成疫病流行。对于幼儿园、学校等高度聚集性场所，老师应留意幼儿、中小学生的健康状况，发现异常应及时报告校医；有感染风险时要及时离校隔离并就医，避免病毒扩散导致群体感染；必要时经评估可采取停课等措施，避免疫情扩散。

接种疫苗

接种疫苗是最经济、最有效的预防传染病的措施。我国对乙型肝炎、肺结核、脊髓灰质炎、乙型脑炎、麻疹等常见传染病采取计划免疫，有效降低了相关疾病的发生率。新生儿、婴幼儿应按要求进行计划免疫。国家计划免疫方案外的疫苗，可根据风险程度选择，如炭疽疫苗在发生炭疽疫情时进行应急接种，钩体疫苗在发生钩端螺旋体病疫情或发生洪涝灾害可能导致钩端螺旋体病暴发流行时进行应急接种。

防控传染病，接种疫苗最有效

第四章
身边常见的病毒

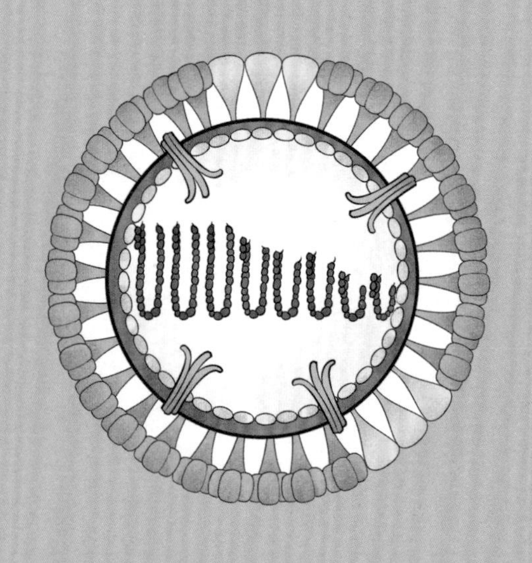

1. 艾滋病病毒

20 世纪 80 年代初，美国发现了好几个奇怪的病例，有些同性恋者出现卡波西肉瘤（一种疱疹病毒相关肿瘤）和卡氏肺囊虫肺炎，病人都出现了严重的免疫缺陷，容易发生各种机会性感染。美国疾控中心将这种疾病命名为获得性免疫缺陷综合征（AIDS），俗称艾滋病。随后科学家从病人体内分离到了一种病毒，命名为人类免疫缺陷病毒（HIV），俗称艾滋病病毒。

艾滋病病毒呈球形或椭球形，直径约 80~140 纳米，外膜是类脂包膜，基因组是两条相同的正链RNA，全长约9.7kb(千碱基对)。艾滋病病毒广泛存在于感染者的血液、精液、阴道分泌物以及唾液、尿液、乳汁、脑脊液和有神经症状者的脑组织中，血液、精液、阴道分泌物中病毒浓度相比其他体液要更高，具有很强的传染性。

艾滋病病毒在体外生存能力极差。不能在空气、水和食物中生存。常温下，在体外的血液中只可存活数小时，在 56℃条件下 30 分钟即失去活性。含氯消毒剂、酒精、乙醚、过氧化氢等均能灭活病毒。

传播途径

普通的接触，如同桌吃饭或共用餐具、水杯、脸盆、澡盆、马桶、毛巾等不会造成艾滋病病毒传播和感染。艾滋病病毒的传播途径主要为血液传播、性传播、母婴传播。近年来，性传播成为最常见的传播方式。

血液传播有被输入含有艾滋病病毒的血液或血液制品、进行静脉吸毒、移植艾滋病病毒感染或艾滋病病人的组织器官等。性传播指通过性接触导致的病毒传播，包括同性性接触和异性性接触。母婴传播是指感染了艾滋病病毒的妇女在妊娠分娩过程中将病毒传给胎儿，感染的产妇还可通过母乳喂养将病毒传给婴儿。

病毒对人体的危害

艾滋病病毒攻击免疫系统，源于其使用的受体 CD4 分子主要分布在 T 细胞、巨噬细胞等免疫细胞表面。CD4 阳性 T 细胞和巨噬细胞均在免疫系统中起到核心作用。被感染的 CD4 阳性 T 细胞会发生凋亡等病变，并在几年时间内逐步减少。当其数量少于 350 个 / 微升（正常人为 800 ~ 1000 个 / 微升）的时候，免疫系统会出现一系列的缺陷，对于细菌、真菌的抑制功能会大幅降低，清除偶尔出现的癌细胞的能力也会大幅降低。免疫系统弱化之后，艾滋病病毒复制便更加疯狂，很快使免疫系统崩溃，人体也就崩溃了。

健康的免疫系统是我们立足于生物世界的根本保证。目前，面对病毒感染，我们能用的药物并不多，大多数情况下，还是得靠人体自身的免疫系统来清除病毒。当我们的免疫系统被艾滋病病毒挟持并摧毁时，我们将经不起任何风浪，任何一个看似小小的细菌或者病毒感染都将是致命的。艾滋病人最终将死于各种机会性感染，如肺炎、脑炎、病毒感染、恶性肿瘤等等。

主要症状

艾滋病病毒感染者在临床上会经历三个阶段：急性感染期、无症状期和艾滋病期。

急性感染期经常发生在初次感染艾滋病病毒后的 2~4 周，15%~20% 的感染者出现发热、发汗、疲乏、肌痛、关节痛、厌食、皮疹、淋巴肿大等症状，一般持续 3~14 天。无症状期可能发生在急性期之后，也有感染者没有明显的急性期而直接进入无症状期的。这个阶段持续 6~8 年。这一阶段无不适症状，但艾滋病病毒在体内复制，人体免疫系统受损。艾滋病期是感染艾滋病病毒的最后阶段，感染者表现出各种机会性感染和肿瘤。

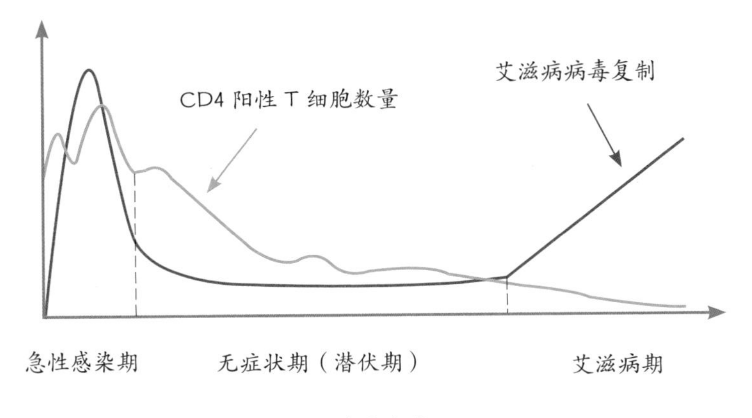

艾滋病发病进程

检测方法及预防治疗

艾滋病病毒检测是艾滋病防治的基础，主要方法包括艾滋病病毒抗体检测、抗原检测及核酸定性和定量检测。自愿咨询检测是一种高效益的艾滋病病毒预防干预措施，可尽早发现、及时治疗和预防艾滋病病毒感染。

目前尚无治疗艾滋病的特效药物。开发艾滋病病毒疫苗仍然面临很多挑战，相关研究仍在推进中。

我们身边的艾滋病病毒传播风险仍然很高，需要从切断传播途径入手，避免通过血液、性行为等方式感染艾滋病病毒。

有不小心发生高危行为的，如无保护性接触、多个性伙伴等，无论是主动还是被动，都可以在 72 小时内（最好在 24 小时内）进行药物的紧急治疗，即暴露后预防。并且须去定点医院进行咨询，由医生判断是否进行暴露后预防处置。

另外，母婴传播概率较大，但通过规范的母婴阻断措施，可以将母婴传播降低至 1% 以下。武汉大学中南医院的母婴阻断门诊治疗数百例艾滋病病毒检测呈阳性的孕产妇，无一例新生儿感染。

难以复制的治愈特例

柏林病人蒂莫西·布朗因为骨髓移植，换血成功，获得了能够天然抵抗艾滋病病毒感染的造血系统，治愈了艾滋病。1995年，布朗在柏林上学时感染艾滋病病毒，雪上加霜的是2006年他又被诊断出患有急性髓系白血病。在寻找干细胞捐赠者时，布朗在柏林大学医院的主治医师突破性地提出了一个“一石二鸟”的疗法：让体内存在CCR5（一种艾滋病病毒入侵人体细胞时使用的辅助受体）蛋白突变的捐赠者来提供造血干细胞，这样既能治疗白血病，又可能治疗艾滋病。在造血干细胞移植后，患者体内原先存在的正常CCR5蛋白消失，变为CCR5突变型，其中循环系统中表达正常CCR5蛋白CD4阳性T细胞和CD8阳性T细胞也逐渐消失。换句话说，患者已经大换血，现在患者体内都是无法感染艾滋病病毒的CCR5突变体细胞。

2019年出现了第二例所谓的伦敦病人，也是采取这样的极端策略，通过换血成功治愈了艾滋病。但换血这样的方式，且不说供血来源是否充足，单单换血和免疫重建，就足以威胁生命，成本高昂，无法普遍开展。

全球抗艾行动

自20世纪80年代初发现第一例艾滋病病毒感染以来，短短40年间艾滋病便已夺走全球数亿人的生命。目前，全球仍有艾滋病病毒感染者3800多万人。而在我国，国家法定传染病报告显示，仅2020年7月，新增艾滋病病毒感染病例6124人，死亡1700人。

根据流行病学调查，我国近年来艾滋病的流行呈现了几个鲜明的特点：①性传播占比大幅提高，血液传播（吸毒、买卖血）占比大幅降低。②从全国总的新增感染病例来看，异性传播仍然占大部分（约70%）；③在青年人群，特别是高校中，男男同性传播的比例大幅提高，占绝大部分；④部分地区老年人口艾滋病流行呈上升趋势。

联合国艾滋病规划署曾提出2030年结束艾滋病流行，希望如同人类曾经侥幸成功消灭天花一样消灭艾滋病。但艾滋病病毒与天花病毒相比，难度在于没有疫苗，只能靠切断传播途径来控制。其实，按传播方式的可控性来说，似乎通过血液和性传播的艾滋病毒比靠接触传播的天花病毒更容易控制。但事实并非如此。

目前，只有14个国家实现了90-90-90艾滋病病毒治疗目标，即90%的艾滋病病毒感染者知晓自己的感染状况，其中90%接受抗反转录病毒治疗，90%接受治疗者体内的病毒得到抑制。下一步，将逐步实现95-95-95的目标，最终达到100-100-100。然而，2019年全球仍有69万人死于艾滋病相关疾病，3800万艾滋病病毒感染者中仍有1260万人无法获得艾滋病治疗。

联合国艾滋病规划署的报告显示，各地抗艾进展不平衡，许多弱势群体和人群被落在后面：约62%的新发感染出现在重点人群及其性伴侣中，包括男同性恋者和其他男男性行为者、性工作者、注射毒品者和羁押人员，尽管他们在总人口中所占比例非常小。撒哈拉以南非洲地区的妇女和女童仍然是受艾滋病影响最严重的群体，2019年，该地区新发感染人数占全球的59%，每周有4500名15～24岁的青春期少女和年轻女性感染艾滋病病毒。2019年，年轻女性仅占撒哈拉以南非洲人口的10%，年轻女性艾滋病病毒感染者却占该地区新发感染总数的24%。

我国实行“四免一关怀”政策：免费抗病毒治疗、免费自愿咨询检测、免费母婴阻断、艾滋病遗孤免费就学、对艾滋病患者家庭实施关怀救助。我国90-90-90目标，目前最大的困难是第一个目标，即90%的艾滋病病毒感染者知晓自己的感染状况。我们现在大约还有三分之一的艾滋病病毒感染者没有被发现，“早发现”

对于控制我国艾滋病流行是重中之重。

2. 肝炎病毒

肝炎是一种常见疾病，肝炎病毒可引发肝炎。这些病毒除了人们熟悉的乙型肝炎病毒外，还有甲型肝炎病毒、丙型肝炎病毒、戊型肝炎病毒等等。乙型肝炎病毒和丙型肝炎病毒与慢性肝炎、肝硬化和肝癌关系密切。

1）乙型肝炎病毒

乙型肝炎病毒（HBV）是一种相对较新的病毒，1965 年才从澳大利亚土著人的血清中发现其相关抗原。但随后乙型肝炎病毒席卷全球，感染者高达数亿。乙型肝炎病毒颗粒为球形，直径约 40 纳米（在病毒中属于中等偏小），表面有脂质双层包膜，包膜上有表面蛋白（即表面抗原）。基因组为双链不完全环形 DNA，在病毒核心区，由核心蛋白（核心抗原）组成的衣壳所包裹。

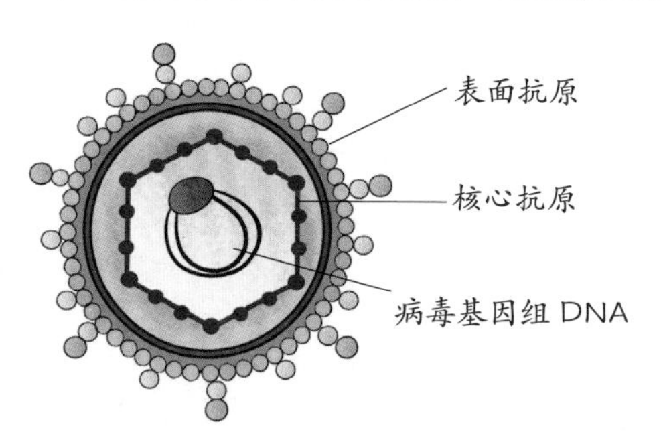

乙型肝炎病毒结构模式图

乙型肝炎病毒感染是全球重大的公共卫生问题，估计感染人数数亿人。我国曾经是“乙肝大国”，最高峰时一度约有 10% 的国人感染乙型肝炎病毒。经过持续广泛的乙肝疫苗接种，我国乙型肝炎病毒感染人数大幅下降，现存 7 000 多万，但每年仍新增约百万。乙型肝炎病毒传播风险仍然较高。

传播途径

与艾滋病病毒、丙型肝炎病毒一样，乙型肝炎病毒也都是通过血液传播、性传播和母婴传播。而传染源是乙型肝炎患者和无症状感染者。乙型肝炎病毒感染者的血液、尿液、唾液、乳汁、阴道分泌物、精液等中，都可以检测到该病毒，具有传染性。乙型肝炎病毒无症状感染者往往没有不适症状而被忽视，尤其要引起重视。

早期由于对病毒不甚了解，经血液传播乙型肝炎病毒的情况非常普遍。20 世纪八九十年代，未彻底消毒的外科手术、牙科手术、血液透析、采血、输血与血制品、注射、文身、修脚等操作是乙型肝炎病毒扩散流行的主要方式。与他人共用剃须刀、牙刷等，也容易导致乙型肝炎病毒感染。

性传播方面，多个性伴侣、同性性行为及无保护的性行为，属于高危行为，极易将乙型肝炎病毒传给性伴侣。

如果孕妇乙肝表面抗原和 e 抗原都是阳性时，乙型肝炎病毒传给新生儿的概率非常高，需进行积极的抗病毒治疗，减少和预防母婴传播。

感染的危害及治疗

乙型肝炎病毒感染后，大部分人可以在急性期内清除。少数人无法清除，形成慢性感染。形成慢性感染的机制尚不完全明确，但接触病毒时人体免疫系统的状态，应该是决定急性还是慢性的主要因素之一。急性肝炎时，须对症治疗，确保休息，并做好营养支持。

慢性乙肝与原发性肝癌关系密切。流行病学调查发现，我国 90% 以上的原发性肝癌病人感染过乙型肝炎病毒，而表面抗原阳性的比阴性的正常人发生原发性肝癌的风险高200倍以上。乙型肝炎病毒产生的X蛋白具有致癌能力，即使是低水平的复制，也容易导致肝细胞转化为肝癌细胞。因此，即使是乙型肝炎病毒携带者，也需要定期检查肝功能和病毒复制指标，避免病毒持续复制诱发原发性肝癌。

我国乙型肝炎病毒流行趋势正在放缓，总的感染人数逐年下降，但由于基数庞大，乙型肝炎病毒传播风险仍然较高。一方面需要对新生儿进行计划免疫，成年人也需要检测自身抗体水平。而乙型肝炎病毒患者（病毒在复制）和携带者（表面抗原阳性）也应积极治疗。

由于乙型肝炎病毒慢性感染之后，会有一定数量的病毒基因插入人肝细胞染色体，导致不能完全清除乙型肝炎病毒。近年来临床上推荐“功能性治愈”的策略，将表面抗原消失设置为理想的治疗终点，而不一味追求乙型肝炎病毒的彻底清除。研究发现，乙型肝炎病毒DNA水平越低，肝细胞癌变风险越低；表面抗原水平越低，肝细胞癌变风险越低，转氨酶ALT水平越低，肝细胞癌变风险越低。

以此为出发点，则应尽早开展药物治疗，最大限度地抑制乙型肝炎病毒复制，减轻长期病毒复制导致的肝脏炎症，减慢肝硬化和肝癌进展。当然，抗病毒治疗应该在有经验的医生指导下进行，不能滥用药物。

乙肝疫苗

乙肝疫苗为亚单位疫苗，接种乙肝疫苗，可有效产生持久抗乙型肝炎病毒保护性免疫。我国将乙肝疫苗纳入计划免疫，新生儿在出生24小时内将进行第一剂接种。当然，成人也需要定期检查乙肝抗体状态，抗体水平较低的，可以接种疫苗进行加强。

2）丙型肝炎病毒

20世纪70年代，科学家已经鉴定出甲型肝炎病毒和乙型肝炎病毒，这对于治疗和控制肝炎起到了重要作用。但后来有科学家在输血感染肝炎的患者中，发现了一种既不是甲型肝炎病毒也不是乙型肝炎病毒导致的新型肝炎，这种“非甲非乙型肝炎”被命名为丙型肝炎。其发现者和鉴定者Harvey James Alter、Michael Houghton和Charles M. Rice三人因此获得2020年诺贝尔生理医学奖。

丙型肝炎病毒为球形，直径约60纳米，比乙型肝炎病毒稍大。基因组为RNA，长度约9.5 kb。病毒表面有包膜，对理化因素抵抗力不强，高温、紫外线、次氯酸等处理均可灭活病毒，血液或血制品经60℃处理30小时也可使病毒传染性消失。

丙型肝炎病毒在肝细胞内复制，感染后大部分会慢性化，病人有很大的概率发展成为肝癌。丙型肝炎病毒的传播和流行，与艾滋病病毒、乙型肝炎病毒相似，常呈现共感染的情况，导致治疗上的困难。丙型肝炎自发现以来，迅速在全球蔓延，我国近年来每年新发感染超过20万人。

传播途径

主要经血液传播（输血或血液制品），可通过性传播和母婴传播。此外，隐性的微小创伤、家庭密切接触亦可传播。人群对丙型肝炎病毒普遍易感，同性恋者、静脉吸毒者及接受血液透析的人员为高危人群。

临床表现及治疗

丙型肝炎病毒感染后，可能表现为无症状感染、急性肝炎或者慢性肝炎，以慢性肝炎居多。其中20%以上的慢性肝炎会发展为肝硬化，之后会形成肝癌，死亡率高。

目前已有特效药物上市，可完全清除患者体内丙型肝炎病毒，治愈丙肝。这些直接抗病毒药物（DAA）通过抑制丙型肝炎病毒复制关键蛋白达到阻断病毒复制的目标。

丙型肝炎疫苗尚未研发成功。

3）甲型肝炎病毒

1988年春季，上海市暴发了一次大规模的肝炎疫情，感染者达到30多万，死亡近50人。经调查发现，患者大多食用过一种名为毛蚶的贝类，这些未经煮熟的毛蚶被甲型肝炎病毒污染，导致病毒扩散。

甲型肝炎病毒为球形，基因组为RNA，病毒表面没有包膜，相对来说不太容易消毒，比肠道病毒耐热，抗氯气、乙醚、酸处理。主要通过粪口途径传播，经污染的水源、食物（海产品、贝类）、餐具等传播。因此，食用海产品时应加工熟透，食品加工人员应做好体检，生食则应做好检验检疫。

甲型肝炎病毒感染主要为急性感染，自限性，可自愈，一般不发展为慢性感染。感染后出现尿黄、肝疼、发热等症状，应卧床休息，对症处理。感染者急性期排毒，是传染源，应做好生活用品和排泄物的消毒，避免病毒扩散，引起他人感染。

目前有灭活疫苗和减毒活疫苗可选择，效果好。甲肝疫苗属于计划免疫项目，新生儿均已接种，因此新发甲型肝炎病毒感染病例已大大减少。

3. 流行性感冒病毒

秋冬季是流感高发季节。流感不是普通感冒，而是流行性感冒病毒感染引起的流行性感冒。可能是因为中文“流感”与“感冒”太相似，公众往往认为流感只是较重的感冒而已，这完全是误解。

流行性感冒病毒简称流感病毒，有甲、乙、丙、丁(A、B、C、D)四型，引起人和动物患流感。其中甲型流感病毒（甲流）是反复流行最为频繁、引起流感全球流行的重要病原体。

历史上有记录最严重的流感疫情是“1918大流感”。从1918年春季开始，最早在美国军人中发现这种源自禽流感的H1N1毒株，先后发生三波流行，大约到1920年结束。学术界普遍认为“1918大流感”的致死人数应该在5000万~1亿。在这次大流感中经济条件较差的人首先患上流感，经济条件较好的人在第二波中发病率最高。流行病学专家因此提出，如果在未来的大流行中疫苗供应有限，则应优先考虑处于社会经济不利地位的人。另一个惊人的发现则是，这一波流感对年轻人（20 ~ 40岁）的重创高于老年人。这与新型冠状病毒主要导致老年人重症和死亡的情况完全相反。

即使是发生了1918年至1920年全球流感大流行，也没有形成所谓的“群体免疫”。由于流感病毒高度多变，因此会隔几年就变个样卷土重来。如果出现一种新型流感病毒株与目前在人类中流行的病毒株明显不同，则人群几乎没有免疫力，感染将迅速蔓延，导致全球大流行。1918年的大流行之后，又发生了1957年至1958年的H2N2“亚洲流感”大流行，最早发现于新加坡，导致全球死亡近110万人；1967年至1968年的H3N2“香港流感”大流行造成全球近100万人死亡；2009年的H1N1“猪流感”大流行则最早起于美国，当年就造成全球几十万人死亡。而1968年及2009年的大流感，死亡的主要是老年人。

千万不可小觑甲流。2019年美国流感疫情造成数千万人感染，致死数万人。我国2019年秋冬季甲流、乙流暴发，导致不少中小学、幼儿园停课。

流感病毒为球形或者丝状，与艾滋病病毒、新型冠状病毒、埃博拉病毒等一样，都是 RNA 病毒。不同的是流感病毒基因组含有 7 ～ 8 个 RNA 片段，而不是完整的线形或者环形。分段的 RNA 基因组导致流感病毒更易重组、变异。流感病毒表面有血凝素蛋白（HA）和神经氨酸酶（NA）两个重要抗原，我们根据血凝素蛋白和神经氨酸酶不同来命名不同的流感病毒亚型，如 H1N1、H3N2、H5N1、H7N9 等，就是这个规则。

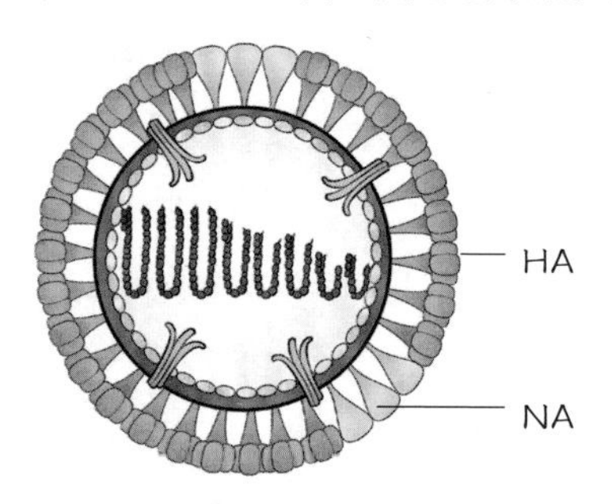

甲型流感病毒结构模式图。HA，血凝素蛋白；NA，神经氨酸酶。病毒内部有 7~8 个 RNA 片段

流感病毒除了亚型，还有不同的株型，每年流行的毒株都有可能不同。大幅变异的流感病毒，将引起全球性的流感大流行。

流感的传染源是流感病人和流感病毒携带者，经过飞沫或气溶胶传播，通过呼吸道进入人体。这种传播方式使得流感常常伴随其他呼吸道传染病一并发起攻击。老年人和体弱多病的人致死率高。

如果出现高热、畏寒、肌肉酸痛、出汗、呼吸道感冒症状时，应及时就医，并进行流感病原体检测。早诊断，早治疗。流感确诊病例应第一时间隔离治疗，避免病毒扩散。流感亦可导致重症肺炎，死亡率高。好在流感病毒对于奥司他韦（达菲，作用于病毒的神经氨酸酶，破坏病毒释放环节）等药物较为敏感，发病 48 小时内进行药物治疗，可以减少并发症，缩短住院时间，降低死亡率。

流感病毒易变异，世界卫生组织（WHO）每年都基于对下一个流行季节流感病毒流行株的预测结果，提出全球流感疫苗株的推荐意见。全球各国的疫苗企业根据世界卫生组织的预测结果生产当年的流感疫苗，因此不同年度流感疫苗针对的流感病毒株可能会有所差异。通常在接种流感疫苗 2 ~ 4 周后体内可产生具有保护水平的抗体，6 ~ 8 个月后抗体滴度开始衰减，因此建议每年接种流感疫苗。

秋冬季节保持良好卫生习惯，可有效预防流感

流感病毒为人畜共患病毒。H5、H7、H9 亚型感染禽类，也易感染人。全世界每年有 500 亿只候鸟迁徙，在特定地域、繁殖地、越冬地停留 4 个月以上，导致禽流感病毒广泛传播，难以控制。H9N2 对鸡是低致病性的，常年在我国大部分地区流行；H5N1 对鸡高致病性，1997 年曾经在香港发生感染人的事件；2013 年我国苏浙沪皖多个省区发生人感染 H7N9 高致病性禽流感疫情（主要感染禽类饲养、宰杀、加工人员等），致死率高。所幸 H5N1 及 H7N9 并未完全适应人体，未发生大规模人传人的现象。

禽流感病毒感染人，是跨种传播，有一定难度。好在感染高致病性禽流感的病例主要发生于禽类相关工作人员，尚未造成“人传人”，没有在人际间形成流行。禽流感病毒使用的受体分布于禽鸟的下呼吸道及肺泡，而人流感病毒使用的受体主要分布于上呼吸道，因此人感染后症状相对要轻一些。不过这两种受体都分布在猪的气管上皮细胞，流感病毒常通过感染猪进行重组变异。

我国近年来批准使用的 H7N9 和 H5N1 禽用疫苗，对于控制相关疫情的扩散，预防人感染高致病性禽流感，起到了重要作用。但迁徙的鸟有可能将禽流感病毒传递给不同地区，野禽也可以将禽流感病毒传递给家禽，引起迁徙路线上的病毒传播，很难杜绝。野禽健康状态未知，应与之保持距离，更不应捕猎。

2016 年出现了犬流感 H3N2，具备一定感染人的风险，须提高警惕。

4. 冠状病毒

与流感病毒一样，冠状病毒也是呼吸道病毒。由于全球化和交通便利性大大提升，冠状病毒和流感病毒等呼吸道病毒极易引起全球范围内大流行，给人类社会带来巨大损失。进入 21 世纪后的头 20 年，已有三波冠状病毒冲击人类社会，且一次比一次猛烈，造成的破坏也呈指数级增加。因此强烈提醒我们必须认真研究冠状病毒，积极应对它们的挑战。

冠状病毒由于病毒粒子表面具有数百刺突蛋白，在电镜下形似皇冠而得名。冠状病毒家族成员众多，有感染猪、狗、猫、蝙蝠等哺乳动物的，也有感染鱼类等水生生物的。能感染人的冠状病毒就有不少，如 HCoV-229E、HCoV-OC43、HCoV-NL63、HCoV-HKU1、SARS-CoV（非典病毒）、MERS-CoV（中东呼吸道综合征病毒），以及 2019 年年底引起 COVID-19（新型冠状病毒肺炎）的 SARS-CoV-2（新型冠状病毒），共有 7 种。

按这个名单来看，近年来新出现的冠状病毒致病性呈指数级增加。但反过来看，历史比较悠久的冠状病毒（229E、OC43 等，只引起普通感冒症状），致病性就弱得多。再经过若干年的进化和适应，新型冠状病毒的致病性能否降低，我们十分期待。

从致死率来看，2000 年后新出现的 SARS-CoV、MERS-CoV 及 SARS-CoV-2 远比它们的先辈强得多。2002 年底出现的 SARS-CoV 致死率大约 10%，而 2012 年出现的 MERS-CoV 致死率超过 30%。不过由于其致死率高，症状明确且强烈，受到更多人的重视和警惕，反而没有导致全球范围内的大流行。

1）新型冠状病毒

新型冠状病毒的学名是 SARS-CoV-2，从名字上可以看得出来它与其前辈 SARS-CoV 很相似，同源性很高，可以比喻成“亲兄弟”。

新型冠状病毒引起的疾病，学名为 COVID-19，即 2019 年发现的一种冠状病毒感染性疾病。学名很严谨，说这是一种感染性疾病。而我们俗称的新型冠状病毒肺炎，其实不太准确，因为该病有时候不出现肺炎症状，而是其他的一些临床表现，肺炎只是感染后的诸多症状中的一种。因此，用 COVID 这个词就严谨很多。

新型冠状病毒粒子为球形，直径约 120 纳米，表面有刺突蛋白，基因组为线形 RNA，长近 30 kb（对于 RNA 病毒来说，这个基因组相当大）。它与 SARS-CoV 同属 β 属冠状病毒，基因组约有 80% 同源，但不是同一种病毒。新型冠状病毒有包膜，对紫外线、酒精、含氯消毒剂等常规消毒方式敏感。

传播途径

主要传播途径为经呼吸道飞沫和接触传播，也存在经气溶胶和消化道等方式传播。其传播方式的多样性，是防控新型冠状病毒的难点之一。与新型冠状病毒感染者密切接触，如长时间同处一室（未戴口罩）、聚餐（桌餐未使用公筷）、照顾感染者、共用物品、洗手间等，易感染病毒。密切接触者感染病毒概率较高，应密切观察身体状态，及时进行体温检查和病毒检测。

新型冠状病毒不怕冷，越冷活得越久

在冷链食品、货物上发现病毒核酸，甚至有感染性的病毒颗粒存在，也是病毒难以防范的重要因素。这是由于病毒喜冷，在低温环境下存活时间相较于高温环境更长。从事冷链食品相关行业人员应做好个人防护，疫情期间应定期做病毒核酸检查。

临床表现

发热、乏力、干咳为主要临床表现。少数患者伴有鼻塞、流涕、咽痛、嗅觉丧失和腹泻等症状。多数患者预后良好，轻型患者仅表现为低热、轻微乏力等，无肺炎表现。不少感染者感染初期症状不明显，甚至无症状。无症状感染者（期）具有传染性。

少数患者病情危重。肺部损伤明显，CT 可见磨玻璃影。重症患者多在发病一周后出现呼吸困难和 / 或低氧血症，严重者快速进展为急性呼吸窘迫综合征、脓毒症休克、难以纠正的代谢性酸中毒和出凝血功能障碍。值得注意的是重症、危重症患者病程中可为中低热，甚至无明显发热。

老年人和有慢性基础疾病者（高血压、糖尿病、癌症）预后较差。

儿童病例症状相对较轻。

病毒检测与防控措施

新型冠状病毒感染全球大流行，截至 2021 年 11 月底，经过近两年时间，已在全球造成 2.6 亿多人感染，520 多万人死亡。这是继 1918 年大流感之后，百年来全球范围内最大的疫病大流行。

早检测、早发现、早隔离、早治疗，有利于控制疫情。检测方面主要采取核酸检测（检测病毒基因 RNA 片段）：采用 RT-PCR 方法在鼻咽拭子、痰和其他下呼吸道分泌物、血液、粪便等标本中检测是否存在新型冠状病毒核酸。检测下呼吸道标本（痰或肺泡灌洗液）更加准确。鉴于病毒在体内扩散的动力学分布较复杂，口咽部病毒检测常出现假阴性结果，不能排除感染；鼻咽部取样的阳性率高于口咽部，但也需要多次检测以排除假阴性。血清学方法检测抗体，可以作为辅助诊断。

新型冠状病毒传播能力超强、致死率高（远高于流感），须加强防控措施。少聚集、戴口罩、勤洗手、隔离（感染者、密切接触者等）、接种疫苗等措施，有利于疫情控制。

新型冠状病毒疫苗

针对新型冠状病毒全球快速蔓延的“特殊情况”，各国在极短时间内（通常情况下的疫苗研发需要数年甚至数十年）批准了新冠疫苗的紧急使用。目前主要有 4 种疫苗策略：灭活疫苗、重组蛋白疫苗、腺病毒载体疫苗和 mRNA 疫苗。我国国家药品监督管理局于 2021 年 2 月 25 日批准了国药集团武汉生物制品研究所的新型冠状病毒灭活疫苗。美国、以色列、巴西、英国等国家也在陆续进行大规模新冠疫苗接种。全球范围内大规模人群接种新冠疫苗，有望缓解新型冠状病毒肺炎疫情的严峻形势。

当然，由于疫苗供应和普及的不足，短期内无法做到全球所有人接种。局部能形成群体免疫，并做好外防输入，将是未来几年的重要任务。而病毒在疫苗的压力下形成的突变逃逸，与疫苗研发、供应、接种普及之间，将有可能形成拉锯战。全球接种天花疫苗花了近 5 年时间，天花病毒只感染人，而新型冠状病毒除感染人之外还可感染多种动物，如猫、雪貂、狮子、老虎等。指望像消灭天花一样顺利地消灭新型冠状病毒，难度非常大。

2）SARS 冠状病毒

SARS，即严重急性呼吸综合征，俗称非典型肺炎（非典）。其实可引起非典型肺炎的病原体很多，如支原体、衣原体、流感病毒、腺病毒等等，只是相对于肺炎链球菌引起的典型肺炎（大叶性肺炎，肺叶阴影轮廓清晰）来说，肺炎的症状不典型而已。

2002 年秋冬季，在我国南方首先发现了这种非典型肺炎，经过病毒学家的努力，鉴定出病原体为一种冠状病毒（当时也是一种新的冠状病毒），随后命名为 SARS-CoV。SARS 冠状病毒在 20 多个国家造成近 8 000 人感染，致死率约 10%。

传播途径

呼吸道传播为主，也可以接触传播，与新型冠状病毒相似。

临床表现

潜伏期 2 ~ 7 天，发病时发热（高于 38℃）、头痛乏力、关节痛，继而干咳、胸闷、气短。肺部 X 光片出现明显病理变化，双侧或单侧阴影。严重者急性呼吸窘迫和进行性呼吸衰竭，休克。

与新型冠状病毒感染类似，非典患者多因感染导致的细胞因子风暴而引起多器官损伤致死。

目前没有疫苗。

非典病毒的自然宿主为蝙蝠，通过中间宿主果子狸传递给人类，最终形成了人传人，导致流行。尽管非典在 2003 年之后停止流行的原因至今没有定论，但关停野生动物市场等措施，还是起到了重要的作用。

经过非典和新型冠状病毒肺炎疫情，我们应该警醒，坚决杜绝捕杀、食用、贩卖野生动物等行为。

5. 麻疹病毒

麻疹病毒属于呼吸道病毒。麻疹是麻疹病毒引发的一种传染性极强的急性传染病，常见于儿童。感染后出现发热、皮丘疹、呼吸道症状。麻疹是发展中国家儿童死亡的重要原因，非洲国家刚果在 2019 年暴发了大规模的麻疹疫情，36 万多人感染，6779 人死亡。我国 2019 年麻疹发病近 3000 人，无死亡病例。

麻疹病毒为球形或丝状，直径约 120 ~ 250 纳米，有包膜，基因组为线性单负链 RNA，基因组全长约 16 kb，相对于其他 RNA 病毒来说，麻疹病毒体积和基因组稍大，但小于冠状病毒。病毒表面有血凝素蛋白，与流感病毒类似，但没有神经氨酸酶。麻疹病毒抵抗力较弱，常规消毒剂或者加热即可灭活，日光和紫外线也可灭活病毒。

传播途径

麻疹传染性极强，易感者接触后几乎全都发病，主要通过飞沫传播，也可通过病人用品或密切接触传播。在病人出疹前 6 天至后 3 天内均有传染性。

临床表现

麻疹病毒通过呼吸道进入人体，初步增殖后进入血液，形成病毒血症，随后在全身淋巴组织中大量增殖后二次进入血液。此时病人出现发热、上呼吸道卡他症状、口腔两颊内侧形成中心灰白、周围红色的斑。如无并发症，预后良好。出疹后 24 小时体温下降，

1 周左右呼吸道症状消退，皮疹变暗。

部分体弱幼儿易并发细菌性感染，如肺炎、支气管炎、中耳炎等，是麻疹患儿死亡的重要原因。麻疹病毒感染还可能引发亚急性硬化性全脑炎，表现为渐进性大脑衰退，常常在 1 ~ 2 年内死亡。应尽力避免感染麻疹病毒，感染后则需要尽快就医，密切观察有无并发症。幼儿园、中小学发现麻疹病例应立即隔离病人，做好消毒工作。

麻疹疫苗

我国将麻疹纳入计划免疫,新生儿在不同时间阶段接种麻疹—风疹联合减毒活疫苗（麻风疫苗 MR）和麻疹—腮腺炎—风疹三联疫苗（麻风腮疫苗 MMR），免疫力可持续 10 ~ 15 年。

6. 狂犬病毒

近年来，狂犬病的发病率有所抬头，特别是在饲养宠物越来越流行，而流浪犬猫等越来越多的情况下，极高的致死率时刻威胁着人们的生命健康。我国每年有数百人发病死亡，农村多于城市，儿童多于成人。

狂犬病由狂犬病毒感染所致，又称恐水症，一旦发病，致死率几乎 100%，至今没有有效的治疗方法。人被携带狂犬病毒的动物咬伤后发病率为 30% ~ 60%，咬伤后约有 3 ~ 8 周潜伏期，有些情况下可能会在几个月甚至几年后才发病。

狂犬病毒形态如子弹状,直径约 70 纳米,长约 130 ~ 300 纳米,有包膜。基因组为单负链 RNA,总长 12 kb。病毒表面有刺突糖蛋白,病毒入侵人体细胞使用乙酰胆碱受体，主要分布于神经细胞表面。

传播途径

狂犬病毒可通过动物咬伤或密切接触等形式在动物之间或者

动物与人之间传播。

传染源

被感染的动物是主要传染源。狂犬病毒可以感染多种家畜和野生动物，如狗、猫、牛、羊、猪、狼、狐、鹿、野鼠、松鼠、臭鼬、吸血蝙蝠等。患病的动物咬伤健康动物会传播病毒，而患病的动物可能表现出两种截然不同的状况：狂暴型（疯狂状态）和麻痹型（萎靡状态），整个病程 5 ~ 6 天。狂暴型患病动物攻击性很强，容易判断；麻痹型患病动物不易判断，要提高警惕。

萎靡的病犬也可能携带狂犬病毒

发展中国家的主要狂犬病毒传染源来自病犬，而发达国家主要来自野生动物。发病前 5 天，患病动物唾液中便含有大量的病毒，有传染性，隐性感染的动物也可能携带病毒，因此较难防范。

从咬伤到发病

狂犬病毒是一种嗜神经病毒。人一旦被携带狂犬病毒的动物咬伤，病毒就可能在咬伤部位周围的横纹肌细胞内缓慢增殖。这一阶段约 4 ~ 6 天，是宝贵的阻断和预防时间，应立即采取措施。

病毒增殖后将侵入周围神经，进而沿着神经快速上行到背根神经节后大量增殖，同时侵入脊髓和中枢神经系统，侵犯脑干及小脑等部位的神经元。这时人就会出现痉挛、麻痹，甚至昏迷。

一旦进入这个阶段，几乎就无药可救了。

后期，病毒会从中枢神经系统往外扩散，通过神经网络进入各种组织器官，如舌、唾液腺、心脏等，导致出现吞咽困难、呼吸困难、恐水等表现。最后，往往因心血管功能紊乱猝死。

三级暴露及处理办法

人与动物接触，被动物抓伤、咬伤，分三个风险层级。

一级暴露	二级暴露	三级暴露
接触或者喂养动物，或者完好的皮肤被舔	裸露的皮肤被轻咬，或者无出血的轻微抓伤、擦伤	单处或多处贯穿性咬伤或者抓伤，或者破损皮肤被舔，或者开放性伤口、黏膜被污染
无须进行处置	立即处理伤口并接种狂犬病疫苗	立即处理伤口并注射抗狂犬病血清，随后接种狂犬病疫苗

一级暴露：接触或者喂养动物，或者完好的皮肤被舔。一级暴露其实是指没有伤口暴露于病毒，无须处置。

二级暴露：裸露的皮肤被轻咬，轻微的抓伤、擦伤，没有出血。二级暴露应立即处理伤口，并接种狂犬疫苗。

三级暴露：有贯穿性皮肤或肌肉咬伤或抓伤，破损的皮肤被舔，开放性伤口和黏膜被动物抓、舔、咬。三级暴露须立即处理伤口，注射抗血清，随后接种狂犬病疫苗。

伤口处理包括对每处伤口进行彻底地冲洗、消毒，以及后续的外科处置，越早越好，以避免病毒复制、扩散。具体方法为：用肥皂水和流水交替清洗伤口 15 分钟以上，然后用消毒剂（75% 乙醇或碘伏）进行伤口内部彻底消毒。

注射抗狂犬病血清是一种被动免疫，利用免疫球蛋白或者抗体封闭病毒，阻断病毒复制扩散。常用抗狂犬病免疫球蛋白或抗狂犬病血清。三级暴露时病毒侵入量较大，病毒复制扩散风险更高，须被动免疫及时阻断。

接种疫苗是一种主动免疫。病毒侵入人体后，有一段潜伏期可以进行暴露后预防接种，可以有效控制狂犬病的发病。通常在第 0、3、7、14、28 天接种 5 剂灭活疫苗，全程完毕后 7 ~ 10 天可产生中和抗体。

宠物是人类的朋友，饲养宠物应关注宠物健康，按法规进行登记、免疫接种，宠物发病时应及时送医，不应遗弃宠物。

流浪猫犬、野生动物等，由于其健康状况无法掌握，存在传播病菌风险，不应密切接触。

7. 胃肠道病毒

肠道病毒种类繁多，可经消化道感染和传播，在肠道中复制，但多数引起肠道之外的疾病，如脊髓灰质炎、心肌炎、手足口病等。

1） 柯萨奇病毒

2011 年至 2012 年前后，我国暴发手足口病，患病幼儿数百万，死亡逾千。2019 年手足口病发病 190 万例。

柯萨奇病毒是引起手足口病和疱疹性咽峡炎最常见的病原体，1948 年首次从美国纽约州柯萨奇镇一名患儿粪便中分离得到。该病毒与脊髓灰质炎病毒等肠道病毒的生物学性状相似，病毒粒子为球形，无包膜，基因组为单股正链 RNA。

传播途径

病毒可通过消化道实现粪口传播，也可以通过呼吸道飞沫传播，还可以通过密切接触患者唾液、疱疹液、粪便、生活用品、玩具、衣物等传播。被污染的水源也可以传播病毒，发病高峰期的医院也容易传播病毒。

柯萨奇病毒感染之后可引起手足口病、疱疹性咽峡炎、心肌炎、脑炎、结膜炎等。

手足口病

手足口病通常在4月至6月流行。患儿手、足、口腔黏膜等部位出现疱疹，疱疹破溃后形成溃疡，食欲不振，伴有咳嗽、流涕、恶心、呕吐、头痛等症状。

轻症一般的情况预后良好，一周左右自愈。感染期间应注意隔离，避免交叉感染。适当休息，清淡饮食，做好口腔和皮肤护理。还应时刻观察患者病情发展，尤其是病程在4天以内、3岁以下的婴幼儿。主要观察指标是精神状态、心率、呼吸及神经系统受累，如有无频繁呕吐，肢体抖动或无力、软瘫、抽搐等，这些症状提示可能病情较重。

重症死亡率高。重症会有脑炎和脑脊髓膜炎的表现，如频繁或剧烈的呕吐、抽搐、瘫软等。手足口病患儿死亡年龄约为1.5岁，死因主要有肺水肿、肺出血、休克、脑疝等。

疱疹性咽峡炎

近年来我国不少地区的幼儿园、小学常有疱疹性咽峡炎小规模流行，导致停学，影响幼儿健康。疱疹性咽峡炎好发于春夏秋季。

柯萨奇病毒等感染后有潜伏期3～5天，之后极速发病，出现流涕、咳嗽、咽痛、发烧、全身不适。因口腔咽峡部位生出疱疹，患儿扁桃体肿大、咽部发红、吞咽困难、食欲下降。2～3天后，上颚黏膜出现水泡，之后疱疹破溃，因溃疡出现流口水、拒食，患儿痛苦不堪。

疱疹性咽峡炎与手足口病均主要为柯萨奇病毒感染所致，其区别为：疱疹性咽峡炎的疱疹只出现在咽峡部位，手足部位没有；疱疹性咽峡炎通常病情较轻，与轻症的手足口病类似，1 ~ 2 周基本自愈，风险较低。

预防需做好场所及物品消毒、个人卫生。目前尚无疫苗。

疱疹性咽峡炎与手足口病的区别

2）新型肠道病毒——EV71

EV71 的生物学性状与其他肠道病毒非常相似，病毒粒子为球形，是 RNA 病毒，1969 年首次分离得到。EV71 的命名源于肠道病毒英文名 Enterovirus，肠道病毒有很多血清型，EV71 指 71 型。

EV71 可引起手足口病、疱疹性咽峡炎、无菌性脑膜炎等。EV71 感染常累及中枢神经系统，具有较高的重症率和死亡率。手足口病中的重症、危重症和死亡病例多由 EV71 感染引起，其主要因素在于神经源性肺水肿。

中科院研发的针对 EV71 的疫苗已上市，可用于预防手足口病。

3） 轮状病毒

轮状病毒因其在电镜下的病毒颗粒形态酷似车轮状而得名，是世界范围内婴幼儿、少年儿童重症腹泻的最常见病原体。轮状病毒感染造成每年上亿的婴幼儿病毒性腹泻，死亡近 60 万人，主要发生在发展中国家。

轮状病毒抵抗力较强，耐酸、耐碱，在室温下相对稳定，在粪便中可存活数天至数周。

轮状病毒每年在夏秋冬季流行，感染途径为粪口传播，可经污染的食物、水、玩具、书籍、衣被、便器和手等间接传播，也可通过呼吸道传播。

临床表现为急性胃肠炎，呈渗透性腹泻病，症状包括发烧、呕吐、腹痛及无血色水样腹泻。病程一般为 7 天，发热持续 3 天，呕吐 2 ~ 3 天，腹泻 5 天，严重时出现脱水症状。轮状病毒感染从无症状、轻微发病到严重发病，严重时发生致命性胃肠炎、脱水及电解质平衡失调。五价口服轮状病毒疫苗（减毒活疫苗）可用于预防血清型 G1、G2、G3、G4、G9 导致的婴幼儿轮状病毒胃肠炎。

4）诺如病毒

也叫诺瓦克病毒，1968 年首次在美国俄亥俄州诺瓦克镇一所小学暴发流行的急性胃肠炎病人粪便中分离得到。

近年来武汉市常有诺如病毒感染小规模流行的报道。诺如病毒是导致全球急性非细菌性胃肠炎暴发的主要病原体之一，在全球范围内多次暴发流行。2020 年 9 月，在西北某大学也曾发生诺如病毒疫情。

传播方式以肠道传播为主，通过污染的水源、食物、物品、空气等传播。常在社区、学校、餐馆、托儿所、养老院等场所造成集体感染。

成年人和儿童都易感。成人患者多表现为腹泻，儿童常出现呕吐。感染后还可能头痛、肌肉痛或者寒战，严重的会脱水，似轮状病毒感染。

5）脊髓灰质炎病毒

脊髓灰质炎病毒粒子为球形，无包膜，基因组为单正链RNA，抵抗力强。传染源为患者和无症状感染者，主要通过粪口途径传播，属于肠道病毒的一种。该病毒感染的特点是通过呼吸道、口咽、肠道作为入侵门户，侵入中枢神经系统，感染带有病毒受体的靶组织，如脊髓前角细胞、运动神经元等，不引起肠道症状，而主要以脑炎、轻瘫为主。

90% 的感染为隐性感染，只有 1% ~ 2% 的感染者出现非麻痹性脊髓灰质炎或无菌性脑膜炎，仅约 0.1% 出现永久性迟缓性肢体（下肢）麻痹（小儿麻痹症）。

前期主要症状为发热、食欲不振、多汗、烦躁和全身感觉过敏，亦可见恶心、呕吐、头痛、咽喉痛、便秘、弥漫性腹痛、鼻炎、咳嗽、咽渗出物、腹泻等，持续 1 ~ 4 天。

瘫痪前期患儿出现高热，头痛，颈背、四肢疼痛，多汗，皮肤发红，烦躁不安。如病情到此为止，3 ~ 5 天后热退，即为无瘫痪型。如病情继续发展，则可能进入瘫痪期。

一般于起病后 2 ~ 7 天或第二次发热后 1 ~ 2 天出现不对称性肌群无力或弛缓性瘫痪。脊髓型瘫痪最为常见，表现为弛缓性瘫痪，不对称、腱反射消失，肌张力减退、下肢及大肌群较上肢及小肌群更易受累。严重者受累肌肉出现萎缩，神经功能不能恢复，造成受累肢体畸形。

脊髓灰质炎病毒疫苗有灭活疫苗和口服减毒活疫苗，效果好。我国新生儿须进行计划免疫接种。2001 年，世界卫生组织宣布我国已消灭脊髓灰质炎，但少数国家仍有野毒株存在。

8. 疱疹病毒

几乎人人都感染或携带疱疹病毒。感染后的疱疹病毒往往不能被机体彻底清除，而是潜伏于身体的某个部位，当机体免疫力下降时，疱疹病毒会重新激活。秋冬季或者身体过度疲乏后口唇部位长出的疱疹，就是这种情况。

疱疹病毒粒子为球形，体积中等，直径 150 ~ 200 纳米，但基因组为巨大的线性双链 DNA，长约 120 ~ 250kb。疱疹病毒约有 100 多种，常见能感染人的疱疹病毒分为 8 个型：引起口唇疱疹的为 1 型（HSV-1）；2 型（HSV-2）主要引起生殖器疱疹；3 型指的是水痘 - 带状疱疹病毒；4 型指 EB 病毒，主要引起单核细胞增多，也与鼻咽癌密切相关；5 型为人巨细胞病毒，多感染免疫缺陷的病人或器官移植后服用免疫抑制剂的人；8 型为卡波西肉瘤相关疱疹病毒，与卡波西肉瘤和艾滋病相关。该病毒最大的特点是易潜伏，可复发。

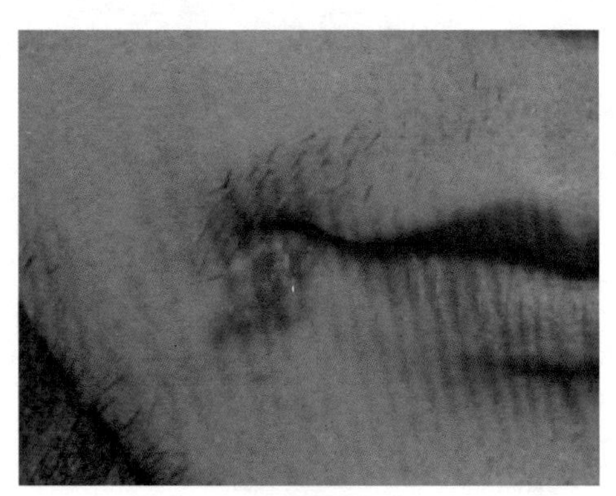

口唇疱疹很常见

我们不可轻视疱疹病毒感染。该病毒感染面部神经中的运动神经纤维时，可导致面瘫；眼部的带状疱疹可导致失明；耳郭、耳道的带状疱疹可能出现听力障碍、内耳功能障碍；疱疹病毒侵犯内脏神经纤维时，可引起腹部绞痛、排尿困难、尿潴留等；疱疹性脑炎和脑膜炎导致严重的头痛、喷射样呕吐、惊厥、四肢抽搐、意识模糊、昏迷等，有生命危险。疱疹病毒还与多种肿瘤密切相关。

1）单纯疱疹病毒

单纯疱疹病毒有1型（HSV-1）和2型（HSV-2）。该类病毒复制周期短，致病力强，人群感染率高，广泛存在潜伏感染。病人和健康带毒者是传染源，可通过密切接触（HSV-1）和性接触（HSV-2）传播。

1型（HSV-1）原发感染导致口舌疱疹、眼角膜结膜炎、皮肤疱疹、疱疹性脑炎等。原发感染症状消除后，病毒可潜伏在三叉神经节、颈上神经节等部位。人体免疫力降低时，病毒可再次激活复制，在同一部位重新造成症状。

2型（HSV-2）原发感染导致生殖器疱疹，存在潜伏感染。传播方式为性接触传播，也可以通过母婴传播。母婴传播可导致胎儿感染、流产或畸形；新生儿疱疹会出现皮肤、眼和口局部疱疹，重症患儿出现疱疹性脑炎或全身播散性感染，预后差，病死率可达80%。

2）水痘－带状疱疹病毒

很多人在青少年阶段出过水痘，就是水痘－带状疱疹病毒（VZV）引起的。

初次感染除了出现水痘，成人也可能导致病毒性脑炎或者肺炎，其肺炎的死亡率高达20%～30%。细胞免疫缺陷或者白血病患者感染该病毒可危及生命。复发的病毒除了长带状疱疹，还可引起脑炎、角膜溃疡、失明。因此，出水痘须及时就医，隔离治疗，密切观察。

水痘－带状疱疹病毒主要通过接触传播和呼吸道传播。病毒经过呼吸道、结膜、皮肤等处侵入人体，在局部淋巴结增殖后进入血液，扩散到各个内脏器官再大量增殖。患者可见皮肤广泛发生丘疹、水疱疹和脓疱疹，俗称水痘。

儿童时期患过水痘愈合之后，病毒可以潜伏在神经节中。若干年后，当免疫力下降，疾病、情绪等条件刺激后，病毒会重新激活，在沿着神经所支配的皮肤细胞内增殖，形成沿着感觉神经通路的串联水泡，形式为带状，疼痛难忍。水泡内有活病毒，应避免接触导致的病毒扩散感染。

水痘－带状疱疹病毒有疫苗，为减毒活疫苗，效果良好，可用于预防小儿水痘和带状疱疹。

3） EB 病毒

该病毒由 Epstein 和 Barr 两人首次在非洲儿童恶性淋巴瘤细胞培养物中发现，故命名为 EB 病毒，主要侵犯 B 细胞（一种免疫细胞）。EB 病毒在人群中广泛存在，我国 3 ～ 5 岁儿童感染率达 90% 以上，可长期潜伏。

EB 病毒若复制旺盛，则导致传染性单核细胞增多症，表现为持续 1 ～ 3 周的发热、咽炎、颈淋巴结肿大，严重时脾脏破裂，致死率高。

若 EB 病毒长期潜伏感染，则容易导致恶性转化，与鼻咽癌（我国南方地区常见）和非洲儿童淋巴瘤高度相关。

目前尚无疫苗。

4）人巨细胞病毒

人巨细胞病毒感染可以导致被感染的细胞肿胀，细胞核内出现巨大的包涵体，故得名。通常是隐性感染，少数感染者有症状；可长期携带病毒形成潜伏感染，病毒潜伏于唾液腺、乳腺、肾脏等部位。感染造成单核细胞增多症、肝功能异常，免疫功能异常时常发生于器官移植后服用免疫抑制剂者、艾滋病人等；围生期感染可导致新生儿小头畸形。

目前尚无疫苗。

9. 人乳头瘤病毒

近年来人们都很关心“宫颈癌疫苗”的话题。人乳头瘤病毒感染与宫颈癌密切相关。宫颈癌严重影响女性身体健康，接种人乳头瘤病毒疫苗可有效预防宫颈癌的发生。

人乳头瘤病毒感染人的皮肤和黏膜上皮细胞，引起上皮增生性改变。

传播途径有直接接触、性接触、产道感染（先天感染）。

所致疾病为皮肤扁平疣、生殖道尖锐湿疣、喉部乳头状瘤、宫颈癌等。感染后，初起为细小淡红色丘疹，以后逐渐增大增多，单个或群集分布，湿润柔软，表面凹凸不平，呈乳头样、鸡冠状或菜花样突起，红色或污灰色。根部常有蒂，且易发生糜烂渗液，触之易出血。皮损裂缝间常有脓性分泌物存积，导致有恶臭，且可因搔抓而引起继发感染。本病常无自觉症状，部分病人可出现异物感、痛痒感等。直肠内尖锐湿疣可发生疼痛、便血、里急后重感。对于疣体，可局部涂药，或用激光、冷冻、电灼或手术的方法去除。

人乳头瘤病毒疫苗，俗称宫颈癌疫苗，是全球首个把癌症作为适应症的疫苗，有 4 价和 9 价等不同选择。所谓 9 价，是由 6、11、16、18、31、33 型等 9 种人乳头瘤病毒主要衣壳蛋白组成的病毒样颗粒经纯化混合制成，可预防相应的人乳头瘤病毒毒株感染。该疫苗适用于 16 ~ 26 岁女性，可用于预防人乳头瘤病毒引起的宫颈癌、外阴癌、阴道癌、肛门癌、生殖器疣等。

10. 出血热病毒

出血热是一大类疾病的统称，临床上有高热、出血、低血压的共同特征，致死率高，其中埃博拉病毒导致的出血热致死率高达 60% ~ 90%。

可引起出血热的病毒较多，常见的有汉坦病毒、登革病毒、埃博拉病毒、发热伴血小板减少综合征病毒、克里米亚 - 刚果出血热病毒等。我国华中地区常见汉坦病毒、发热伴血小板减少综合征病毒感染；而我国南方地区常发登革热；新疆地区曾发生克里米亚 - 刚果出血热疫情；埃博拉病毒疫情主要发生在中部非洲地区。

出血热病毒是典型的人畜共患病毒，其传播媒介与蚊、蜱虫、鼠类有关。病毒通过蚊虫叮咬、鼠类污染的食物或形成的气溶胶传给人类。

1）汉坦病毒

我国是汉坦病毒疫情最严重的国家之一，华中地区常见。汉坦病毒感染引起肾综合征出血热（我国主要疾病类型）和肺综合征。肾综合征出血热主要表现为发热、出血（结膜充血、牙龈出血、皮下出血、皮肤瘀斑等）、肾功能损害、免疫功能紊乱。肺综合征表现为肺浸润和肺间质水肿、呼吸窘迫、呼吸衰竭。汉坦病毒感染致死率 5% ~ 10%，目前尚无特效药物。

汉坦病毒的主要动物宿主和传染源为主要分布在野外的黑线姬鼠与居民区及野外均可见的褐家鼠，多为野外感染，如野外工作的农民、工人等，其中农民为主要感染群体。

传播途径

呼吸道传染，鼠类排泄物如尿、粪、唾液等污染尘埃后形成的气溶胶， 能通过呼吸道感染人。消化道传染，进食被鼠类的排泄物污染的食物，可经口腔和胃肠黏膜感染。接触传染，被鼠咬伤或破损伤口接触携带病毒的鼠类血液和排泄物， 也可被感染。虫媒传染，有报道，寄生于鼠类身上的革螨、恙螨具有传播作用。人传人的情况罕见。

在野外劳作或游玩时，应避免与啮齿类动物近距离接触，以免病毒感染。应加强居民区灭鼠、防鼠、灭虫及消毒，在野外劳作时也应加强个人防护措施。

临床表现

感染后潜伏期约 2 周，之后起病急，发展快。有三大典型的症状：发热、出血和肾脏损害。出血现象明显，如结膜充血、牙龈出血、皮下出血、皮肤瘀斑等，有病人面部、躯干、四肢及内脏器官均出血。临床过程可分为 5 期：发热期、低血压休克期、少尿期、多尿期、恢复期。感染后 1 ～ 3 个月体力才能完全恢复。发病后可获得持久免疫力，二次感染极为罕见。

汉坦病毒疫苗

有灭活疫苗，高风险地区和高风险人群可自愿接种。接种后可刺激产生特异性抗体，可预防肾综合征出血热。

2） 发热伴血小板减少综合征病毒

近年来常见农村居民因被虫咬感染后，当成感冒治疗而导致病危的新闻。类似情况在湖北省与河南省、安徽省交界处的桐柏山、大别山等地农村常发，往往是不明原因的严重出血热表现：发热、身体不适、恶心、呕吐、腹泻；就医时检测为白细胞减少、血小板减少、凝血时间异常等。致死率约15%。

病毒来自患者的血液，或者犬所携带的血蜱。病毒通过蜱虫叮咬感染。经研究发现，这个病毒与白蛉热病毒相近，属于布尼亚病毒科新成员。

3）登革病毒

2020年春夏之交，新加坡暴发2013年以来最强的登革热疫情，感染人数超过2013年，达到2.2万余人。此前新加坡《联合早报》援引国家环境局的说法，多种因素导致2020年新加坡登革热病例激增：除了天气热、雨水多导致登革病毒主要传播媒介伊蚊数量增加之外，2020年采取的新型冠状病毒肺炎疫情隔离措施使得除草等活动受到影响，一些公共区域疏于维护，也有助蚊虫滋生。

登革热是由登革病毒引发的急性传染病，主要通过蚊媒传播，在热带、亚热带地区流行。我国于1978年在广东佛山首次发现，之后在海南、广西等地均有发现。全球每年有5000万～1亿人感染登革病毒，约50万人住院就医。我国2014年夏季在广东暴发近年来最大规模登革热疫情，超过4万人感染，但99%以上表现为轻症，死亡极少。我国南方地区2020年登革热疫情不活跃，可能与社区积极开展的环境整治、频繁消毒有关。

登革病毒为球形或棒状，直径约55纳米，基因组为单正链RNA，有包膜。登革病毒感染引起隐性感染、登革热、登革出血热（相对较轻）和登革休克综合征（重症）。传染源是患者和隐性感染者，灵长类动物也可能携带病毒。传播方式为蚊虫传播（白纹伊蚊、埃及伊蚊等），疫情流行的时间与蚊虫滋生的季节相符。

病毒经蚊虫叮咬进入人体，先在毛细血管内皮细胞和单核细胞中增殖，然后经血流扩散，潜伏期约4～8天。隐性感染常见，发病后大多为自限性表现，预后良好。少数出现登革出血热或登革休克综合征。

登革出血热

发病时有发热、极度疲乏、头痛、全身关节痛、肌肉疼痛、淋巴结肿大等症状，有些时候会出皮疹。有较重出血现象，如鼻衄、呕血、尿血、便血等，出血量大于100毫升。如出血部位位于脑、心脏、肾上腺等脏器则有生命危险。

登革休克综合征

先是典型的登革出血热表现，某个时段突然病情加重，出现明显出血和周围循环衰竭，表现出皮肤湿冷、脉搏快而弱、血压下降甚至检测不到、烦躁、昏睡、昏迷等。有以上表现则病情凶险，如抢救不及时，4 ~ 6小时内可能会死亡。

登革热的预防

至今没有疫苗，无特效治疗方法。防蚊、灭蚊对于预防登革热意义重大。

4）埃博拉病毒

1976年在刚果民主共和国埃博拉河地区出现的埃博拉病毒疫情导致280人死亡。2013年至2016年间，非洲地区再度暴发埃博拉病毒疫情，确诊人数28 000人，死亡11 000人，死亡率约39%。埃博拉病毒疫情暴发的核心地区致死率高达60% ~ 90%。

传播途径

密切接触为主要传播方式，急性期患者（至死亡之前）血液中的病毒载量极高，患者的呕吐物、排泄物、结膜分泌物等都具有高度传染性。即使患者死亡，病毒也可在器官外的液体中存活数日。与患者密切接触的家属（陪护、丧葬）、医护人员极易感染，导致疫情快速扩大。

埃博拉病毒在一些康复者身体部位中持续存在，包括睾丸、眼内和中枢神经系统。妇女在孕期感染后，病毒可存在于胎盘、羊水和胎儿中。哺乳期的妇女感染后，病毒可能会持续存在于母乳中。

蝙蝠、猕猴等野生动物也可携带埃博拉病毒，并通过气溶胶传播给人类。狐蝠科果蝠是埃博拉病毒的自然宿主。埃博拉病毒可通过密切接触到感染动物的血液、分泌物、器官或其他体液而传到人，比如热带雨林中被该病毒感染患病或者死亡的黑猩猩、大猩猩、果蝠、猴子、森林羚羊和豪猪等。

临床表现

潜伏期为 2 ～ 21 天，发病突然，发病初期有高热、头痛、肌肉痛、乏力等，随后出现呕吐、腹痛、腹泻等出血热典型症状；发病 5 ～ 7 天后有严重的出血现象：鼻出血、口腔出血、结膜出血、胃肠道出血（吐血）、皮肤出血等。其他晚期症状包括吞咽困难、咽喉痛和口腔溃疡。病后 7 ～ 16 天常因多器官功能障碍、弥散性血管内凝血、肝衰竭、休克而死亡。在某些情况下，康复中的患者也可能会因心脏心律不齐而突然死亡。

我国境内尚无感染埃博拉病毒的病例。

与埃博拉病毒类似的烈性出血热病毒还有马尔堡病毒、亨德拉病毒、尼帕病毒等，致死率都非常高。

第五章
病毒与人类的关系

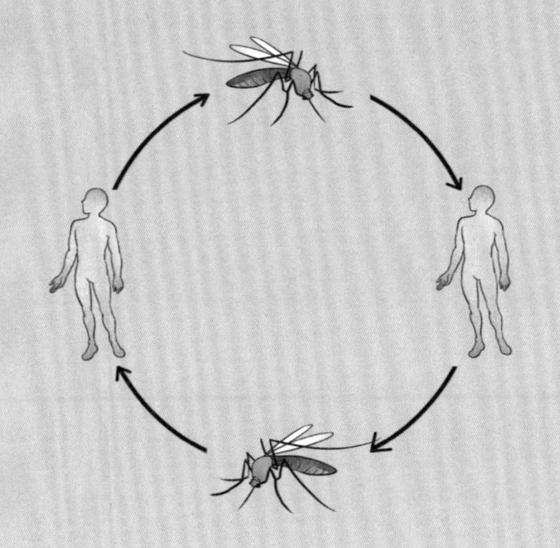

1. 无处不在的病毒

病毒给人类带来了切肤之痛和巨大的损失。人类历史上因瘟疫死亡的人数，远多于战争致死的人数。

要说我们生活在一个微生物的世界里，一点都不夸张。土壤里，水里，空气里，人体内外，动物体内，各种类型的微生物几乎遍布世界的各个角落。微生物与人类的关系是，你中有我，我中有你。

病毒是超级寄生的，它们必须生活在活的细胞内，否则不能存活。因此我们无时无刻不被携带着各种病毒的生物所包围。病毒种类繁多，我们已知的病毒至少有 6500 多种，而自然界还有大量未被发现的病毒。

那么病毒到底在哪里呢？其实就在我们身边。

当然，对你我威胁最大的，还是人类自身携带的病毒。几乎很难找到体内完全没有病毒的人。90% 以上的人都感染过某些疱疹病毒，再加上各式各样其他的病毒，每个人，都几乎是移动的病毒库。当然，有些病毒感染人后症状明显，比如说流感、黄疸性肝炎、出水痘等等，发烧、脸黄、全身水痘，看上去病怏怏的，我们可以识别。可大部分病毒感染我们从外观上根本无法判断。这些病毒，几乎可以肯定将长久地与人类共存。我们时时刻刻都与这些病毒生活在一起。

除了无法回避的来自人的病毒，还有哪里有病毒？

其实，几乎所有的生命体都可能被不同的病毒感染。也就是说有生命的地方，就会有病毒。病毒种类异常丰富，数量也是天文数字。如果将地球上所有的细胞加起来，比如人类、动物、植物、细菌等等的细胞全部加起来，总数也只是所有病毒总数的零头。当然，由于细菌几乎无处不在，个体又小，是最多的细胞，能感染细菌的噬菌体则是数量最多的一类病毒。

身边的病毒种类这么多、数量级这么庞大，那我们怎么生存？

比较好的消息是，绝大多数的病毒会有宿主界限，跨种传播有难度。比如说数量最多的病毒——噬菌体，只感染细菌，不会感染人。甚至有科学家曾尝试用噬菌体来治疗人类的细菌感染。

再比如说植物病毒，也基本不会感染动物或人，它们危害的直接对象是植物，如烟草花叶病毒、大豆花叶病毒等。当然，经济作物被病毒感染，会减少农业收成，对人类的影响也是巨大的。

大豆花叶病毒影响大豆生长

自然界中，对人类健康有直接威胁的是各种具备跨种传播潜力的动物病毒。当动物与人类接近、接触时，就有将这些病毒传染给人类的可能性。这种可能性在人类历史上真实上演过多次。人畜共患病，就是这种情况。而且这类病毒难以防范，因为有时候这些对人非常致命的病毒，对其自然携带动物致病力低，甚至不致病。一个看起来非常“健康”的蝙蝠，有可能携带对人致命的病毒，如埃博拉病毒、尼帕病毒、亨德拉病毒、非典病毒等等。因蝙蝠特殊的免疫系统，并不会抵抗和排斥这些病毒，蝙蝠自己也不会得病。

近年来，野生动物种群栖息地被逐渐蚕食、破坏，生存空间受到挤压，饥饿的野生动物与人类争抢食物和地盘，增加了野生动物与人类近距离接触的机会，也极大地增加了动物病毒跨种传播的风险。同时，人类爱狩猎，大量野生动物被捕杀，导致野生动物和媒介昆虫发生变迁。再就是，地球人口稳定快速增长，对动物蛋白需求飙升，大规模的养殖业与个体作坊式养殖方式同时存在，动物流动、动物贸易、生态环境变化，加速了动物源性疾病在全球范围传播。

上一次人畜共患的病毒从动物跨越到人身上，是 2013 年我国小规模暴发的 H7N9 疫情——人感染高致病性禽流感。一年多时间，在我国东部、中部省份造成 134 人感染、37 人死亡。感染者基本都是从事禽类养殖、销售、宰杀、加工的人，或在发病前 1 周内接触过禽类的人。患者一般表现为流感样症状，如发热、咳嗽、少痰，可伴有头痛、肌肉酸痛和全身不适。重症患者病情发展迅速，表现为重症肺炎，体温大多持续在 39 ℃以上，呼吸困难，可伴有咳血痰；可快速进展出现急性呼吸窘迫综合征、纵隔气肿、脓毒症、休克、意识障碍及急性肾损伤等。这些临床表现与重症肺炎非常相似。人感染高致病性禽流感 H7N9，包括之前的 H5N1，其实都很凶险，致死率比感染人的流感病毒要危险许多，这就是跨种传播的特点。稍感幸运的是，H7N9 病毒从禽类传给人之后，目前尚未发现有人传人的现象，这也是该流行病没有进一步扩散导致重大疫情的重要因素。从那时起，我们就关闭了菜市场的活禽屠宰摊位和活禽市场，这个措施对于减少和杜绝人感染禽流感风险至关重要。

除了上述听起来很凶的来自野生动物的病毒，我们身边也还有各种不起眼的病毒库。比如说蚊虫，就是一个很重要的病毒传播媒介。乙脑病毒可经过蚊虫传播。蚊子如果叮咬了乙脑病人，则病毒可以经血液进入蚊虫体内，再次叮咬健康人的时候，就把病毒传给健康人了。另外，即使周围没有乙脑患者，有的猪也容易携带乙脑病毒。所以养殖场的员工被乙脑病毒感染的机会就很多，需要做好养殖场的防蚊灭蚊工作，也要做好员工的相关体检。而个体养殖户、自家养猪的农户，则风险更大，他们的环境卫生和防疫观念往往又不强，容易造成感染。

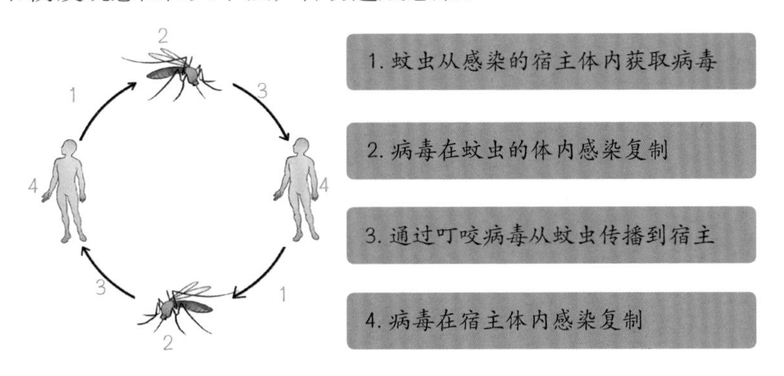

蚊虫是重要的病毒传播媒介

蚊虫还可能传播寨卡病毒。寨卡病毒近年来在非洲、南美有较大规模的流行，最早也是在恒河猴等灵长类动物体内率先发现。一种叫伊蚊的蚊子叮咬感染者或者动物后，病毒在伊蚊体内繁殖，富集于唾液腺，通过叮咬传给他人或者其他动物。感染寨卡病毒会出现发热、皮疹、全身乏力、头痛、肌肉痛、关节痛等症状。最麻烦的是孕妇感染寨卡病毒之后，有较大概率把病毒传给胎儿，导致新生儿小头畸形。我国云南近两年也有寨卡病毒感染的零星病例报道。

蚊虫叮咬还会传播登革病毒，我国广东福建地区登革热常见。2020 年春末夏初的时候，新加坡暴发了大规模的登革热疫情，不得不防。

我们很多人有被小虫子叮咬的经历，特别是蜱虫。蜱虫叮咬传播病毒特别多，湖北地区常见的就有一种蜱虫叮咬传播的病毒，引起发热伴血小板减少综合征，很多农民感染后由于救治不及时而丧生。蜱虫叮咬也会导致出血热，新疆地区曾出现出血热疫情，也是蜱虫叮咬了牧场的牛羊，再将病毒传给牧民。

另外，我们去野外旅行，常常可以看到土拨鼠、松鼠、田鼠等啮齿类动物。这些动物看起来很可爱，但它们身上携带的病毒非常多，最好不要近距离接触。华中地区的野鼠就很容易携带和传播汉坦病毒，人感染后导致出血热综合征。

野外的啮齿类动物可能携带多种病毒

再就是大家熟悉的狂犬病毒，主要存在于犬类体内，家猫和野生的狐狸等体内也有发现。狂犬病毒通过咬伤或者抓伤，将病毒传给人。狂犬病毒一旦在人体内大量复制，将侵染人的中枢神经系统，导致神经功能障碍，吞咽和呼吸不受控，一旦发病，死亡率 100%。因此，面对越来越多的宠物猫狗和流浪猫狗，预防狂犬病毒感染，需要提高警惕。饲养的犬只，需要接种疫苗，遛狗时，必须有效束缚。投喂和接触流浪猫狗，有感染狂犬病毒的风险。

无论是身边的人，还是野生动物、养殖的动物、鼠鸟蚊虫等，都可能给你我带来各种病毒，导致各种病毒感染风险。只有了解更多的病毒知识，弄清病毒传播链条，我们才有办法避免病毒感染。

我们每个人身上都有各种各样的病毒，对于感染者，我们抱着切断传播途径的原则，共同生活，反对歧视。

2. 生命进化的动力

地球上的生物从简单的生物分子发展而来，逐步组合、进化、发展出复杂的生物个体，形成多样性的生态圈。地球进化到今天，生物多样性是非常宝贵的资源。

可以说，几乎任何种类的细胞都有相应的病毒去感染。病毒在不同的生物界高效而活跃地穿梭，导致基因水平转移，这有助于生物的进化。从这个角度说，病毒是生物进化的动力，既是原始动力，也是改造的动力。

人类的基因组里，有大约 8% 的基因来自内源性逆转录病毒。这些病毒序列插入人类基因组的时间应该是在百万年之前，病毒基因已被“同化”为人类基因的一部分了，因此我们现在称其为“内源性”逆转录病毒。

病毒推动人这样的大动物或者复杂的高级生物进化，非常不容易。但病毒推动小的生物，比如说噬菌体推动细菌进化，则容易许多。有些细菌通常情况下致病力很低，如白喉棒状杆菌，但如果从某些噬菌体中获得了毒素基因之后，就进化成了超级战士，成为有毒性的白喉杆菌。同样的情况，链球菌和金黄色葡萄球菌也可以从噬菌体获得不同的毒素基因，导致这些细菌生产各种毒素，细菌的毒力就变强了很多。这种进化，有时候就发生在分秒之间。

这种细胞吞下外来生物获取性能的行为，对进化是有好处的。比如线粒体内共生学说就认为，线粒体就可能是早期某个细胞吞噬了线粒体祖先（原线粒体，一种能进行三羧酸循环和电子传递的革兰氏阴性菌）而获得了产生能量的本领。在细胞体内产生能量可太好了，这种细胞立刻就比其他细胞牛气多了，获得了进化优势。

进化是建立在现有基础之上的。无论是病毒“只争朝夕”地快速推动细菌的进化，还是“一万年太久”地慢慢推动人类进化，病毒作为生物界进化动力的角色都不可忽视。选择病毒作为进化动力（当然环境和其他因素也推动着生物的进化），缘于其简单、多变、感染性强、大小“通吃”、不挑食的特点。

3. 病毒可作为基因治疗的工具

人类面对病毒，既然无法完全消灭，那能否化敌为友，为我所用?

病毒简单、多变、感染性强、大小“通吃”，不挑食。

古人很早就开始化敌为友，以毒攻毒。比如说，很早以前，人们就受到天花病毒（痘病毒）的攻击，死伤惨重。可是少部分人活下来了，特别是一些与牛有接触的人，比如挤奶工，能很好地抵御天花。发现这一现象之后，英国的医生詹纳将牛痘液体接种人体，用来预防天花，大获成功。这就是经验时期的疫苗应用。

用牛痘对付人痘，是以毒攻（防）毒的典范。

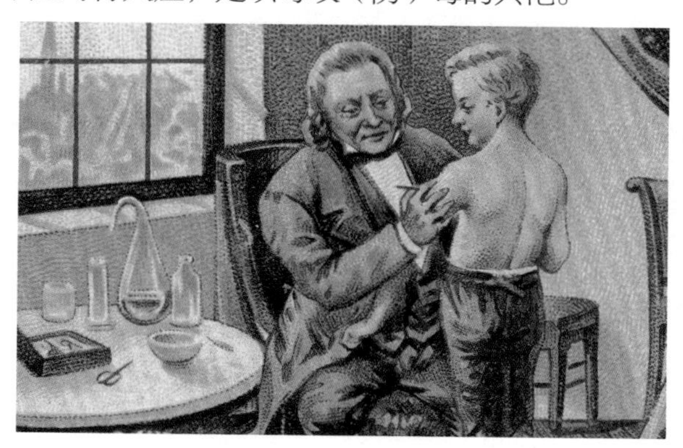

用牛痘接种预防天花

当然，借用这样的经验，后来发明了减毒活疫苗、灭活疫苗、亚单位疫苗、载体疫苗、DNA 疫苗、mRNA 疫苗等等，也都是化敌为友、以毒防毒的具体实践。进步的地方在哪里？那就是化敌为友，把致病性强的活病毒或者灭活，或者减毒，或者肢解，就是“化”。改造后的病毒，需要安全性高，才能为人类服务。

疫苗是最有效、最经济的预防传染病的工具。最成功的例子就是天花疫苗的接种。天花曾经长时间折磨全世界，主要通过呼吸道和接触传播，引起高热、面部和全身皮肤出现脓疱，病死率很高，部分痊愈者面部也会残留明显的瘢痕。通过世界卫生组织全球消灭天花计划，广泛接种疫苗，人类终于在 1980 年宣布全球范围内根除了天花。这是人类历史上第一次通过自己的努力消灭了一种病毒，也是唯一的一次。这里有幸运的成分。首先，天花病毒相对于其他病毒来说，个体巨大（越大反而越稳定），且天花病毒属于 DNA 病毒，突变率不高；其次，感染人的天花病毒（人痘病毒）只感染人，不感染动物；而动物来源的痘病毒，如牛痘病毒，对人致病力很弱。在人群中消灭了人痘病毒之后，就再也没有传染源了。当然，也有些实验室还有些毒株，那就是生物安全方面的问题了。

人类还能完全消灭其他病毒吗？难。不是每种病毒都能研发出疫苗，比如艾滋病疫苗，就屡战屡败，基本没有可能。人类目前可用的预防病毒的疫苗，也就几十种，任重道远。指望通过疫苗解决所有问题，更是不可能。

另一个对病毒的应用，是利用其感染性强、“不挑食”的特点，把病毒当作传递工具。目前把病毒当作工具，已经可以直接服务医学治疗的，那就是以病毒为载体的基因治疗。

基因治疗主要针对基因有缺陷的患者。遗传病的基因治疗是指应用基因工程技术将正常基因引入患者细胞内，以纠正缺陷基因从而根治疾病。目前使用较多的基因工程技术，正是以病毒为基因传递的载体。例如 β－地中海贫血在我国南方常见，是由于位于Ⅱ号染色体上的 β 珠蛋白基因突变，导致正常 β 珠蛋白肽链缺失或合成量不足，α 肽链相对过剩并沉积在红细胞膜上，使红细胞破坏而出现溶血性贫血。地中海贫血作为单基因疾病，是理想的基因治疗模型。实际上，2006 年，法国开展了世界首例地中海贫血基因治疗的临床试验。利用患者自身的骨髓造血干细胞培养出包括红细胞在内的血液细胞，然后使用病毒作为载体，将无缺陷的基因引入到这些细胞中，再用化学手段去除多余细胞，只留下基因缺陷得到修正的红细胞，并将这些红细胞移植回患者体内。结果显示，患者自身生成正常红细胞的能力逐渐上升，在接受治疗一年后就不再需要输血了。

2017 年 8 月，以慢病毒为载体治疗 B 细胞急性淋巴细胞白血病的一种基因疗法被批准上市，成为美国食品和药物管理局批准的第一款基因疗法。急性淋巴细胞白血病是一种起源于淋巴细胞的 B 系或 T 系细胞在骨髓内异常增生的恶性肿瘤性疾病，患者细胞有获得性基因改变，包括染色体数目和结构易位、倒位、缺失、点突变及重复等变化。慢病毒是以艾滋病病毒为基础发展起来的基因治疗载体，属于逆转录病毒，能有效感染分裂细胞和非分裂细胞，随机插入并稳定整合到宿主细胞基因组中持续表达。一系列的临床研究效果非常理想，具有广阔的应用前景。

2017 年 11 月，《新英格兰医学杂志（NEJM）》发表的一篇重量级的论文表明，以腺相关病毒 9 型为载体的基因疗法成功延长了 15 位 1 型脊髓性肌萎缩症患儿的生命。脊髓性肌萎缩症是一类由脊髓前角运动神经元变性导致肌无力、肌萎缩的疾病，属常染色体隐性遗传病，临床并不少见。这个例子里面所使用到的腺相关病毒，是目前发现的一类结构最简单的单链 DNA 缺陷型病毒，需要辅助病毒（通常为腺病毒）参与复制。由于其安全性好、宿主细胞范围广、免疫源性低、在体内表达外源基因时间长等特点，被视为最有前途的基因治疗载体，在世界范围内的基因治疗和疫苗研究中得到广泛应用。

将安全性得到验证的病毒作为载体，传递基因，进行基因修复、改善，或者传递基因产物，即 RNA 或者蛋白质，相比传统的药物而言，优势明显。首先病毒自己可以复制，不像药物需要化工生产，可节约生产成本；其次，病毒是活的，一次注入，则可以长时间持续递送，其效率高，而且持久；再次，病毒通过感染，效率高于口服或者静脉注射等传统给药方式。当然，病毒载体的安全性方面，涉及基因整合、致癌方面的隐患，还需进一步完善和验证。

另外，作为最小的生命体形式，病毒成为生命科学研究的重要研究对象，对于理解生命、理解进化，都有着不可替代的作用。而病毒具备超强感染性和攻击性，其被用于生物武器的潜力，也必须上升到国家安全和人类安全的角度进行研究和破解。

4. 知己知彼方能百战百胜

回顾历史，人类与病毒共存，也一直在与病毒、细菌等微生物进行艰难而惨烈的斗争，历史上有记录的传染病大流行（瘟疫）不胜枚举。我国清朝乾隆年间，诗人师道南所著的《天愚集》中就有记载："东死鼠，西死鼠，人见死鼠如见虎。鼠死不几日，人死如圻堵。昼死人，莫问数，日色惨淡愁云护。三人行，未十步，忽死两人横截路。夜死人，不敢哭，疫鬼吐气灯摇绿。须臾风起灯忽无，人鬼尸棺暗同屋。乌啼不断，犬泣时闻。人含鬼色，鬼夺人神。白日逢人多是鬼，黄昏遇鬼反疑人。人死满地人烟倒，人骨渐被风吹老。"这段话描述了当时的鼠疫状况，也反映了人们对于鼠疫的基本认知：这个疫病与鼠相关，鼠得病会死，人接触了死鼠也会病死；病患貌如鬼，描述了染病后的表现；"三人行，未十步，忽死两人横截路”讲的是发病、死亡极其快速；“人死满地人烟倒”则描述了鼠疫大流行造成的巨大灾难。当时的中国人还没有掌握现代医学知识，也没有微生物学的概念，并不知道鼠疫耶尔森杆菌是造成这一切灾难的罪魁祸首。但这些文字真实记录了传染源（病死鼠）、临床表现（貌如鬼）、流行规模（人死满地）等信息，是当时医学和科学发展阶段（经验时期）的真实反映。

在此之前，古人也总结出很多用于预防传染病的经验。例如中国饮食烹饪强调炖煮烧炸，充分加热食物和饮用水，实际上是一种消毒灭菌的理念和应用。中国人也很早开始接触人痘，以康复的人去照顾天花病人，就不容易染病了。

列文虎克和他发明的显微镜

经过黑暗的中世纪，欧洲迎来了文艺复兴，文化、艺术、科学都得到了飞速发展。荷兰人列文虎克用自己磨的镜片，做了一台显微镜，在这个简单却神奇的“玩具”下，他发现了人类从未看到过的新世界。列文虎克在显微镜下观察了牙垢、井水等，发现其中存在很多可以“动”的微小动物，他记载并画出了这些“动”物的形态（球形、杆状、螺旋状等），开启了人类认识和研究微生物的新时代。

法国科学家路易斯·巴斯德经过实验证明了有机物质的发酵和腐败是由微生物引起的，并发明了巴氏消毒法，通过给酒和牛奶加温，防止酒和牛奶变质。1881 年，巴斯德还创造了最早的狂犬疫苗（将狂犬的延髓提取液多次注射兔子，实现了减毒目的，之后再将这些减毒的液体当作疫苗使用，可以预防狗和人的狂犬病），但当时巴斯德并不知道狂犬病毒的存在。

俄国科学家伊凡诺夫斯基首次发现病毒

直到 1892 年，俄国的科学家伊凡诺夫斯基才在烟草中发现一种可以通过细菌滤器、光学显微镜下看不到的某种生物，他称之为滤过性病毒，其实就是烟草花叶病毒。这是人类历史上第一次发现病毒。

在发现和鉴定病毒、细菌等病原体与人类疾病之间的关系上，德国科学家罗伯特科赫做出了杰出贡献，他提出了著名的科赫法则：①特殊的病原菌应在同一种疾病中查见，在健康人中未见；②该病原菌能被分离培养得到纯种；③该纯种培养物接种至易感动物，能产生同样的病症；④从感染的实验动物体内能够再次分离到该病原菌。科赫法则告诉人们该如何研究和确定传染病的病原菌，体现了科学性和实验性，极大地推动了传染病及微生物学的发展，为人类与病原菌的斗争奠定了理论基础。

人类历史漫长而悠久，真正让人类与病菌战斗的天平稍稍向人类倾斜一点点，也仅仅从近百年才开始。要知道，我们开始认识生命的遗传密码——DNA的双螺旋结构，才大约是70年前的事。

之后我们才慢慢开始从分子水平去认识细胞、生命。当然，有了之前的基础，生命科学的发展才出现了指数级迅猛上升的通道，尽管我们对于生命的认识还处在非常非常低级的水平。

用科学知识去认识和解决传染病带来的巨大问题，是唯一的解决之道。尽管病毒扩散带来的全球性疫情，仍旧持续加快骚扰人类，但科学知识的积累和相关研究及科技的进步，已然使我们可以更加快速地做出基本应对了。

2019年底新型冠状病毒引发的新型冠状病毒肺炎疫情突然出现，武汉拥有数量庞大的病毒研究专家群体，一周左右时间便鉴定出病原体为一种新型冠状病毒，并向全世界公布病毒基因序列。这种速度在人类科学史上是前所未有的。很快，科学家与医护人员合作，分析总结病患临床表现，总结可能的传播途径等，并将研究结果第一时间公之于众，为全世界介绍和预警本次疫情，打好了病毒学理论、临床治疗和防控的基础。

科学知识是人类与病毒、疫情作斗争的最有力武器。不断地研究病毒，研究潜在的新病毒威胁，减少和避免病毒跨种传播，发展新的科学技术，快速准确检测病原体、疾病诊断，研发生产防护设备、抗病毒药物、有效疫苗等，保障人类社会健康有序发展，是我们不断追求的目标。

5. 保护蝙蝠，保护生态环境

人类寄生于地球。我们从地球获取大量的资源、能量，世代繁衍。但我们不是地球上唯一的生物，我们必须与其他生物一起维护良好的生态平衡。

如前文所述，人类感染的很多病原体来自自然界，特别是病毒从哺乳动物跨种传播至人类。另外，还有很多媒介生物帮忙递送病毒，比如说蝙蝠，自然界中的各种蝙蝠可以携带多种病毒而自身并不患病，成为很多病毒的自然宿主。其中就包括很多致命病毒，如亨尼帕病毒、埃博拉病毒、非典病毒、狂犬病毒等等。以至曾经一度有人提出消灭这些动物，从而斩断病毒来源的荒谬想法！

非典之后再遇新型冠状病毒肺炎疫情，惊慌失措的人们容易因为蝙蝠携带多种病毒，就将所有的罪名加在蝙蝠头上。也因为缺乏蝙蝠在生态系统中的功能研究而没有引起政府和民众的重视，蝙蝠物种多样性保护现状令人堪忧；目前为止，尚没有任何一种蝙蝠列入“中国国家重点保护野生动物名录”。

蝙蝠是一种独特而神秘的哺乳动物，约有1100种。蝙蝠是唯一能够实现真正自力飞行的哺乳动物，在全球范围内都有发现，作为传粉媒介和昆虫掠食者发挥着重要的生态作用。

蝙蝠是维持生态系统健康不可缺少的动物类群。长期以来，蝙蝠在害虫控制、种子传播、植物授粉及森林演替等方面发挥着举足轻重的作用。尽管不同的蝙蝠物种表现出食虫、食果、食蜜、食鱼、食肉，甚至食血等多种多样的食性，但超过三分之二的蝙蝠专性或兼性地以昆虫为食。在生态系统中，蝙蝠是夜行性昆虫的主要控制者，每晚可以捕食大量的昆虫。据估计，圈养的蝙蝠每天消耗的昆虫约占其体重的四分之一；但在野外条件和哺乳期等高能耗时期，这个数字可高达70%，有时甚至能超过100%。

在中国传统文化中，蝙蝠是福气、长寿、吉祥、幸福的象征。因“蝠”与“福”谐音，蝙蝠形象被人们用来表示福气，将“福”字形象化。于是古代的建筑物、装饰品、门窗、家具、衣服、鞋帽等上面，就出现了很多蝙蝠的图案。例如，两只蝙蝠并在一起，寓意“双重福气”；五只蝙蝠称“五福临门”；童子捉蝙蝠放到瓶中，为“平安五福”；蝙蝠飞到纸上停留，是“引福归堂”等。其中，

中国传统建筑上随处可见蝙蝠图案

尤以“五福临门”最为广见。

与蝙蝠有关的吉祥图饰，也一改现实生活中蝙蝠外形丑陋、行动诡秘的形象，变得格外美观，成了接福纳祥的标志。千百年来，蝙蝠图饰备受人们的喜爱，在中国吉祥图饰中占有极为重要的地位。图饰多种多样，蝙蝠形态也各不相同，有形象化的蝙蝠，也有抽象化的蝙蝠，有的与图形相结合，有的则与文字相呼应，显得妙趣横生。

蝙蝠是长寿明星，隐藏着人类长寿的秘诀。健康长寿一直都是人类孜孜以求的终极目标，特别是秦始皇寻求长生不老药的故事家喻户晓。然而动物寿命往往与体型大小有关，大型动物的寿命通常比小型动物要长。例如，非洲象的寿命可达 70 年，而普通小鼠通常只能活 1 ~ 3 年。人类算是寿命相对较长的动物，寿命通常为其他同等体型动物的 4 倍。神奇的是，虽然蝙蝠的体型较小，体重 2 克 ~2 公斤，但它们却可以活得很长。有些蝙蝠的寿命可以达 40 年之久，是大小相似的哺乳动物 8 倍之多。如果能像蝙蝠一样长寿，按体积换算后，我们人类可以活 240 年之久。

有人认为蝙蝠能飞行，减少了陆地捕食的消耗，因而较为长寿。

但显然比起很多体重相似的鸟类，蝙蝠更长寿，说明飞行不是蝙蝠长寿的原因。也有人认为冬眠可能是蝙蝠减少代谢从而长寿的秘诀，可不冬眠的蝙蝠有些寿命也是很长的。关于蝙蝠长寿的研究很多，比如有研究就发现长寿蝙蝠的染色体端粒不会随着年龄的增加而缩短。另外，通过基因分析还发现，蝙蝠的染色体生长激素/胰岛素样生长因子1轴与人类差异明显，可以解释蝙蝠很少有糖尿病和癌症。

另外，蝙蝠具有高超的飞行技巧，对飞行器的研发很有启迪；其独特的回声定位功能，对于开发新的雷达系统也有重要的借鉴意义；帮助揭开人和动物大脑方位感知和空间导航的秘密；蝙蝠还是破解人类语言脑机制的哺乳动物模型。蝙蝠的这些特异功能需要我们研究，也还有很多地方值得人类学习。

蝙蝠是唯一能够实现真正自力飞行的哺乳动物

一定会有人好奇，在蝙蝠体内发现了许多致命病毒的影子，例如非典病毒、埃博拉病毒、尼帕病毒、新型冠状病毒、狂犬病毒等，携带病毒的蝙蝠却不会表现出明显的临床症状。这些病毒常常会对人类和其他哺乳动物造成严重的全身性疾病，甚至导致死亡。难不成蝙蝠抗病毒的能力比人类还厉害？

天然免疫是生物体抵御病原体侵入的第一道防线，可抗感染并维持体内环境平衡。研究表明，蝙蝠天然免疫系统的组分与其他哺乳动物类似，包含了干扰素、干扰素激活基因及自然杀伤细胞等。例如在感染病毒之后，翼蝠可以诱导产生 III 型干扰素，而埃及果蝠则可以产生 I 型干扰素。但面对致命病毒时的表现却不同，这提示蝙蝠天然免疫系统在分子功能以及调控表达上可能存在特殊性。

比如说，黑狐蝠的干扰素基因种类相比于其他哺乳动物要少，可是基础表达量很高。所谓的基础表达量（或组成性表达），指的是即使没有病毒感染的刺激，本身就有的基础水平。这就好比蝙蝠体内本身就“时刻准备好”了抗病毒策略，也就是说，蝙蝠的免疫系统始终处于战斗状态，从而在病毒进入体内到感知并作出反应的“空档期”，也可以有效地抑制病毒复制。

而人类等其他哺乳动物，在没有病毒感染的时候，干扰素表达很低，甚至没有。当然，也有些蝙蝠，如埃及果蝠，则拥有更多的干扰素基因，也可以刺激更多与干扰素相关的抗病毒蛋白，属于另一种抗病毒策略。另外，作为重要的抗病毒蛋白，人类的 Rnase L（可以剪切病毒 RNA 从而达到抗病毒的效果）需要通过干扰素激活某种合成酶之后才能产生；而蝙蝠则省去了这个环节，干扰素可直接激发 Rnase L 产生，更简单明了地快速响应病毒感染。

另一方面，蝙蝠体内许多与过度免疫和炎症反应相关的分子却在表达和功能上都受到了抑制，避免了组织器官在抗病毒期间受到损伤。炎症，是机体进化获得的抗“病”行为。病毒或细菌等微生物感染后，炎症有利于控制和消灭病原体。例如炎性充血，能使表面组织得到较多的氧、营养物质和守卫物质；表面组织代谢和抗击力增加；渗出液能稀释毒素，其中所含的抗体能打扫带病菌并中和毒素等等。但过度的炎症对机体将产生病理损伤，新型冠状病毒感染的重症患者中，很大的因素就是过度的炎症反应损伤病人组织器官。研究发现，多种蝙蝠细胞都有可以减少关键促炎因子 TNF-α 的机制，以减轻炎症反应。蝙蝠的独特本领使它们可以耐受病毒感染而不会过度发炎，同时又抑制了病毒的复制。

近年来蝙蝠数量下降严重，亟须保护。蝙蝠物种多样性极高，是世界上分布最广、数量最多、进化最为成功的哺乳动物类群之一。除极地和大洋中的一些岛屿外，地球上幅员辽阔的各种陆地生态环境都为它们所利用，它们也为环境提供一系列重要的生态系统服务。然而，现存的蝙蝠面临着多重威胁，生存状况不容乐观。近年来，越来越多的人为活动导致蝙蝠的种群数量前所未有地下降，甚至灭绝，如森林和其他陆地生态系统遭到破坏、人类对洞穴的干扰、蝙蝠栖息地的丧失、猎杀、传染病、农药滥用及日益增加的风能设备等。近 20 年的野外调查数据统计，目前中国的蝙蝠种群数量与 2000 年相比下降超过 50%，其中洞穴旅游开发、农药滥用和滥捕滥杀为最主要的三大原因。

因生存环境遭到破坏，近年来蝙蝠数量下降严重

保护蝙蝠的种群数量和栖息地免遭破坏不仅是维持生物多样性和生态系统功能的重要途径，也是生态系统完整、国民经济和人类福祉的重要保障。

其实，与其担忧蝙蝠将携带病毒传递给人类，不如担心人类对于蝙蝠栖息环境的破坏与骚扰、滥捕滥杀等行为，这才是增加蝙蝠与人类、蝙蝠与病毒中间宿主接触导致病毒跨种传播的祸首。再说，即使是将地球上的蝙蝠消灭干净，其他动物体内所存储的冠状病毒、流感病毒、狂犬病毒、埃博拉病毒，照样随时可能发动对人类的挑衅。

压力事件会使宿主和病毒关系失衡，可诱使病毒复制增加，从而导致病毒从蝙蝠体内溢出至别的动物。从冬眠状态苏醒、继发感染、笼禁、栖息地被破坏等，对于蝙蝠都是压力事件，将导致抗体水平和天然免疫的下降，从而导致病毒溢出。

应极力避免以上的压力事件，减少病毒从蝙蝠外溢。停止挑衅，远离野生动物，给野生动物足够的栖息地和生存环境，才是我们远离动物病毒的不二选择。

（鄂）新登字 08 号

图书在版编目（CIP）数据

写给青少年的病毒常识 / 冯勇著. — 武汉：武汉出版社，2022.1
ISBN 978-7-5582-4377-6

Ⅰ. ①写… Ⅱ. ①冯… Ⅲ. ①病毒－青少年读物
Ⅳ. ① Q939.4-49

中国版本图书馆 CIP 数据核字 (2021) 第 041331 号

写给青少年的病毒常识

著　　者：冯　勇

责任编辑：万　忠

装帧设计：沈力夫　毛晓东

插　　图：空间设计

出　　版：武汉出版社

社　　址：武汉市江岸区兴业路 136 号　　邮　　编：430014

电　　话：(027)85606403　　85600625

http://www.whcbs.com　　E-mail:zbs@whcbs.com

印　　刷：武汉新鸿业印务有限公司　　经　　销：新华书店

开　　本：880 mm × 1230 mm　1/32

印　　张：3.25　　字　　数：84 千字

版　　次：2022 年 1 月第 1 版　2022 年 1 月第 1 次印刷

定　　价：18.00 元

冯勇 著

武 汉 出 版 社
WUHAN PUBLISHING HOUSE